普通高等教育“十一五”规划教材

大学计算机基础实训指导

主　编　王建忠　邓超成
副主编　葛　宇　张　萍　刘　唐
吴　倩　林蓉华　谢小川

科学出版社
北　京

内 容 简 介

本书是根据2009年10月教育部高等学校计算机基础课程教学指导委员会编写的《高等学校计算机基础教学发展战略研究报告暨计算机基础课程教学基本要求》所提出的基本知识点与技能点，并结合目前大学非计算机专业学生的计算机实际水平与社会需求编写而成。本书题材丰富，大部分题目来自于社会应用实践，通过实训学习，学生将具备解决实际问题的能力，能适应社会的实际需要，为就业打下坚实的基础。

全书分为8章，主要内容包括键盘与Windows XP操作系统实训练习、Word 2003实训练习、Excel 2003实训练习、PowerPoint 2003实训练习、Photoshop实训练习、多媒体技术基础实训练习、网页制作实训练习、网络基础实训练习。

本书主要为普通本科院校非计算机专业的学生提供实训教材，专科院校可选其中的部分内容进行教学与实训，参加计算机等级考试的考生和社会在职人员也可学习使用。

图书在版编目（CIP）数据

大学计算机基础实训指导/王建忠，邓超成主编．—北京：科学出版社，2010.9

（普通高等教育“十一五”规划教材）

ISBN 978-7-03-028973-5

Ⅰ.①大…　Ⅱ.①王…②邓…　Ⅲ.①电子计算机-高等学校-教学参考资料　Ⅳ.①TP3

中国版本图书馆CIP数据核字（2010）第178552号

责任编辑：毛　莹　潘继敏／责任校对：桂伟利

责任印制：张克忠／封面设计：耕者设计工作室

科学出版社 出版

北京东黄城根北街16号

邮政编码：100717

http://www.sciencep.com

骏杰印刷厂 印刷

科学出版社发行　各地新华书店经销

*

2010年9月第　一　版　开本：787×1092 1/16

2010年9月第一次印刷　印张：10 1/2

印数：1—7 000　　字数：240 000

定价：22.00元

（如有印装质量问题，我社负责调换）

前　言

本书是根据2009年10月教育部高等学校计算机基础课程教学指导委员会编写的《高等学校计算机基础教学发展战略研究报告暨计算机基础课程教学基本要求》中所提出的基本知识点与技能点，并结合本科院校非计算机专业学生的计算机实际水平与社会需求编写而成。本书坚持“以实训为重点，以实际应用、创新为目标”的实训理念，为学生提供三种实训项目：基本验证型实训、综合设计型实训、研究创新型实训。通过这些实训，能培养学生利用计算机解决实际问题的能力，学生毕业后能轻松胜任实际工作。

本书由长期从事计算机基础教学、科研工作的一线优秀教师编写，具体分工如下：第一章由葛宇编写，第二章由张萍编写，第三章由王建忠编写，第四章由刘唐编写，第五章由吴倩编写，第六章由林蓉华编写，第七章由邓超成编写，第八章由谢小川编写，全书由王建忠统稿与审阅。

本书得到四川师范大学副校长祁晓玲（教授）、教务处处长杜伟（教授）、副处长张松（副教授）、基础教学学院院长唐应辉（教授）等领导的大力支持，同时也得到基础教学学院从事计算机教学的老师们的关心与支持，在此一并表示真诚的感谢！

由于时间仓促，书中难免存在不足与欠妥之处，为了便于今后的修订，恳请广大读者提出宝贵的意见与建议。

编　者

2010年6月

目　录

第一章　键盘与 Windows XP 操作系统实训练习

实训项目一　键盘的训练

一、实训目的

（1）熟悉键盘的基本操作及键位。

（2）熟练掌握英文大小写、数字、标点的用法及输入。

（3）掌握正确的操作指法及姿势。

（4）掌握一种汉字输入方法。

（5）掌握英文、数字、全角、半角字符、图形符号和标点符号的输入方法。

二、实训内容

【实训 1-1-1】

认识键盘。

键盘上键位的排列按用途可分为主键盘区、功能键区、编辑键区、小键盘区和状态指示区，如图 1-1 所示。

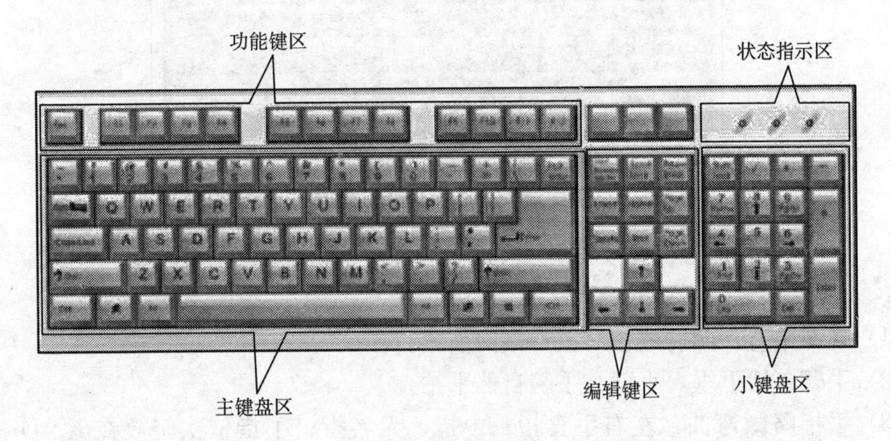

图 1-1

主键盘区是键盘操作的主要区域，包括 26 个英文字母、0～9 个数字、运算符号、标点符号、控制键等。26 个字母键，按英文打字机字母顺序排列在主键盘区的中央区域。一般，计算机开机后，默认的英文字母输入为小写字母。如果需输入大写字母，可按住上挡键 Shift 击打字母键，或按下大写字母锁定键 Caps Lock（此时，小键盘区对应的指示灯亮，表明键盘处于大写字母锁定状态），击打字母键可输入大写字母。再次按 Caps Lock 键（小键盘对应的指示灯熄灭），重新转入小写输入状态。

【实训 1-1-2】

结合图 1-2 学习正确操作姿势，图 1-3 学习正确指法。

图 1-2

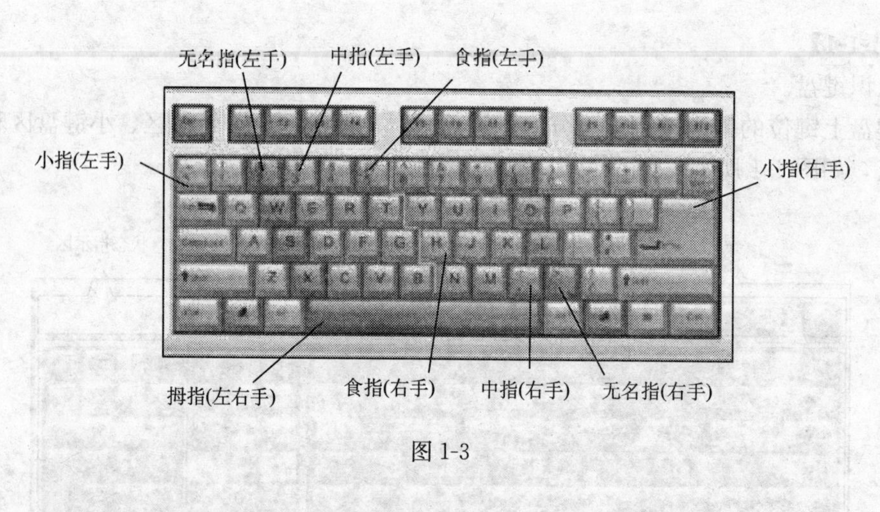

图 1-3

（1）腰部坐直，两肩放松，上身微向前倾。

（2）手臂自然下垂，小臂和手腕自然平抬。

（3）手指略微弯曲，左右手食指、中指、无名指、小指依次轻放在 F、D、S、A 和 J、K、L、“;” 8 个键位上，并以 F 与 J 键上的凸出横条为识别记号，大拇指轻放于空格键上。

（4）眼睛看着文稿或屏幕。

（5）按键时，伸出手指击按键，之后手指迅速回归基准键位，做好下次击键准备。若需按空格键，则用右手大拇指横向下轻击。若需按回车键（Enter 键），则用右手小指侧向右轻击。

输入时，目光应集中在稿件上，凭手指的触摸确定键位，初学时尤其不要养成用眼确定指位的习惯。

【实训 1-1-3】

使用智能 ABC 输入法输入一段文字。

智能 ABC 输入法功能十分强大，不仅支持人们熟悉的全拼输入、简拼输入，还提供混拼输入、笔形输入、音形混合输入、双打输入等多种输入法。此外，智能 ABC 输入法还具有一个约 6 万词条的基本词库，且支持动态词库。如果单击“标准”按钮，切换到“双打智能 ABC 输入法状态”。再单击“双打”按钮，又回到“标准智能 ABC 输入法状态”。在“智能 ABC 输入法状态”下，用户可以使用如下几种方式输入汉字。

(1) 全拼输入：只要熟悉汉语拼音，就可以使用全拼输入法。全拼输入法是按规范的汉语拼音输入外码，即用 26 个小写英文字母作为 26 个拼音字母的输入外码。其中 ü 的输入外码为 v。

(2) 简拼输入：简拼输入法的编码由各个音节的第一个字母组成，对于包含 zh、ch、sh 这样的音节，也可以取前两个字母组成。简拼输入法主要用于输入词组，例如下列一些词组的输入为：

词组	全拼输入	简拼输入
学生	xuesheng	xs（h）
练习	lianxi	lx

此外，在使用简拼输入法时，隔音符号可以用来排除编码的二义性。例如，若用简拼输入法输入“社会”，简拼编码不能是 sh，因为它是复合声母 sh，因此正确的输入应该使用隔音符′输入 s′h。

(3) 混拼输入：也就是输入两个音节以上的词语时，有的音节可以用全拼编码，有的音节则用简拼编码。例如，输入“计算机”一词，其全拼编码是 jisuanji，也可以采用混拼编码 jisj 或 jisji。

实训步骤：

第一步：开机启动 Windows。

第二步：在任务栏上打开“开始”菜单，选择“程序”→“Microsoft Office Word 2003”选项，启动 Word 2003。

第三步：单击任务栏上的输入法按钮 En，选择“智能 ABC 输入法”选项后，在 Word 编辑状态下，输入一些文字。

第四步：单击输入法状态条上的半月形或圆形按钮，可实现半角与全角的转换。

第五步：单击输入法状态条上的标点符号按钮，可实现英文标点符号与中文标点符号的转换。

第六步：按 Shift＋Ctrl 键，可切换选择需要的输入法；按 Ctrl＋空格键，可使输入法在英文与所选择的中文之间转换。

第七步：需输入符号时，打开“插入”菜单，执行“符号”或“特殊符号”命令，在弹出的对话框中选择所需的符号后，单击“插入”按钮。

实训项目二 Windows 界面操作

一、实训目的

（1）掌握 Windows XP 桌面布局。

（2）掌握窗口的基本组成元素、对话框的组成元素、菜单及相关操作。

二、实训内容

【实训 1-2-1】

桌面操作。

Windows XP 将整个屏幕称为“桌面”，是用户操作的工作环境，如图 1-4 所示。

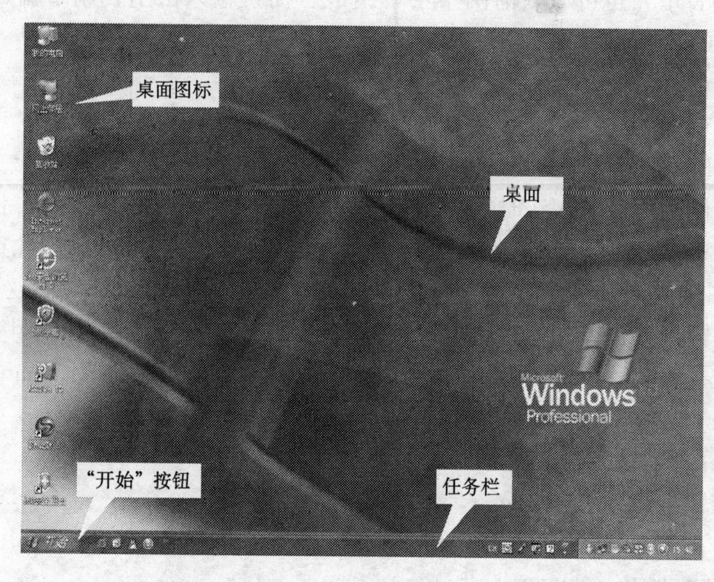

图 1-4

实训步骤：

第一步：桌面图标操作。

认识图标：在桌面的左边有若干个上面是图形、下面是文字说明的组合，这种组合称为图标。

打开操作：用户可以双击图标，或者右击图标在弹出的快捷菜单中选择“打开”命令来执行相应的程序。

整理桌面图标：右击桌面空白处，在弹出的快捷菜单中选择“排列图标”命令，对图标按名称、按类型、按大小、按日期，自动排列等方式进行排列。

第二步：开始按钮操作。

认识开始按钮：位于桌面左下角带有 Windows 图标的“开始”菜单就是“开始”按钮。

查看“开始”按钮中的内容：单击“开始”按钮，如图 1-5 所示。利用里面的项目可以运行程序、打开文档及执行其他常规操作。用户所要做的工作几乎都可以通过它来完成。

图 1-5

第三步：任务栏操作。

认识任务栏：任务栏通常放置在桌面的最下端，如图 1-6 所示。任务栏包括“开始”菜单、快速启动栏、任务切换栏和指示器栏 4 部分。

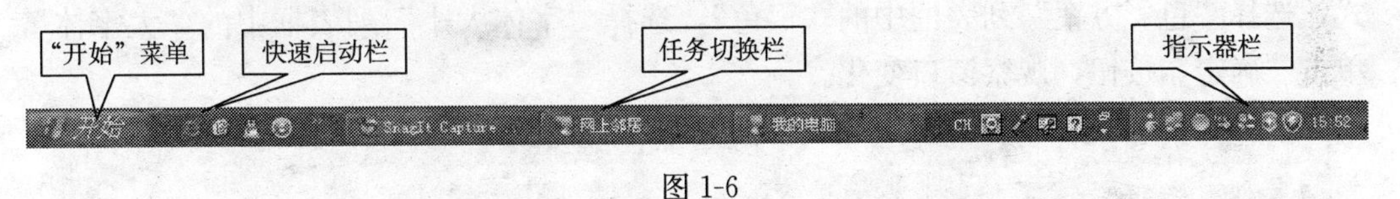

图 1-6

任务栏的操作如下。

（1）设置任务栏属性。

右击任务栏空白处，在打开的快捷菜单中选择“属性”命令，弹出“任务栏和「开始」菜单属性”对话框。在“任务栏”选项卡中可以对“锁定任务栏”、“自动隐藏任务栏”、“将任务栏保持在其它窗口的前端”、“分组相似任务栏按钮”、“显示快速启动”和“显示时钟”、“隐藏不活动的图标”等选项进行设置。在“「开始」菜单”选项卡中可以对开始菜单的风格进行设置。设置完成后，单击“确定”按钮，注意变化。

（2）调整任务栏高度。

将鼠标指向任务栏的上边缘处，待鼠标光标变成双向箭头形状时，用鼠标上下拖动可以改变任务栏的高度，但最高只可调整至桌面的 1/2 处。

（3）调整任务栏位置。

任务栏默认位置在桌面的底部，如果需要也可以将任务栏移动到桌面的顶部或两侧。方法是：将鼠标指针指向任务栏的空白处，按下左键向桌面的顶部或者两侧拖动释放即可。

(4) 快速启动栏项目的调整。

将桌面图标直接拖向任务栏的快速启动栏区域内，就可将其加入到快速启动栏内。同样也可以将快速启动栏内的图标拖到桌面上，或者右击快速启动栏内的某一图标，从弹出的快捷菜单内选择“删除”命令，即可将该图标从快速启动栏内删除。

【实训 1-2-2】

设置显示属性。

实训步骤：

第一步：在桌面右击，在弹出的快捷菜单中选择“属性”命令，可以设置具有个性化的桌面属性，如图 1-7 所示。

第二步：选择“主题”选项卡，单击“主题”列表框的向下箭头，选择“Windows XP（更改）”选项，单击“确定”按钮，观察桌面变化。

第三步：选择“桌面”选项卡，在“背景”列表框中选择一幅系统默认的图片或将自己喜爱的图片作为桌面墙纸，选择“居中”、“平铺”或“拉伸”显示方式，单击“确定”按钮，观察桌面变化。

第四步：选择“屏幕保护程序”选项卡，在“屏幕保护程序”列表框中选择任意一种屏幕保护程序，如“三维飞行物”，单击“预览”按钮，预览屏幕保护程序。调整等待时间，如 5 分钟，也可以选中“在恢复时使用密码保护”复选框，单击“确定”按钮即可完成屏幕保护程序的设置。

第五步：选择“外观”选项卡，选择“窗口和按钮”列表框中的 Windows 经典样式，选择“色彩方案”列表框中的“银色”，选择“字体大小”列表框中的“大字体”，单击“确定”按钮，观察窗口变化。

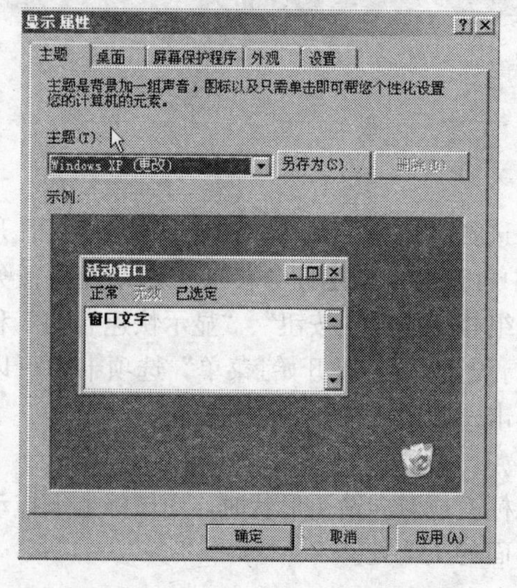

图 1-7

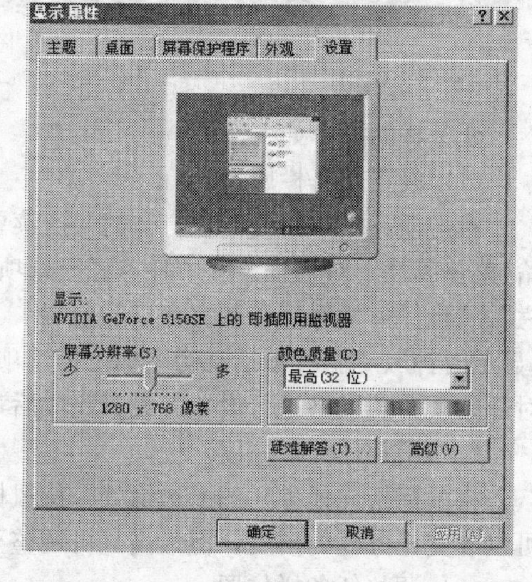

图 1-8

第六步：选择“设置”选项卡，如图 1-8 所示。调整“屏幕分辨率”滑块，设置屏幕的分辨率为 800 像素×600 像素，选择“颜色质量”列表框中的“最高（32 位）”，单击“确定”按钮，观察桌面视觉效果的变化。

【实训 1-2-3】

回收站操作。

实训步骤：

从硬盘上删除的内容将被放到“回收站”内，有关“回收站”的操作如下。

第一步：清空“回收站”。

清空“回收站”的目的是把放到“回收站”里的文件夹或文件彻底从磁盘上删除。

方法一：右击桌面上的“回收站”图标，在弹出的快捷菜单中选择“清空回收站”命令。

方法二：双击桌面上的“回收站”图标，打开“回收站”窗口，选择“文件”→“清空回收站”命令。

第二步：彻底删除某个文件夹或文件。

方法一：双击桌面上的“回收站”图标，打开“回收站”窗口，选中要彻底删除的文件夹或文件，选择“文件”→“删除”命令。

方法二：双击桌面上的“回收站”图标，打开“回收站”窗口，右击要彻底删除的文件夹或文件，在弹出的快捷菜单中选择“删除”命令。

第三步：还原文件夹或文件。

方法一：双击桌面上的“回收站”图标，打开“回收站”窗口，选中要还原的文件夹或文件，选择“文件”→“还原”命令。

方法二：双击桌面上的“回收站”图标，打开“回收站”窗口，右击要彻底删除的文件夹或文件，在弹出的快捷菜单中选择“还原”命令。

实训项目三　“我的电脑”和“资源管理器”的使用

一、实训目的

（1）掌握“我的电脑”与“资源管理器”基本操作。

（2）熟悉窗口操作。

（3）熟悉菜单与快捷菜单操作。

二、实训内容

【实训 1-3-1】

窗口操作。

实训步骤：

第一步：移动窗口。

方法一：双击“我的电脑”图标，打开“我的电脑”窗口，如图 1-9 所示，用鼠标左键直接拖动窗口的标题栏到指定的位置。

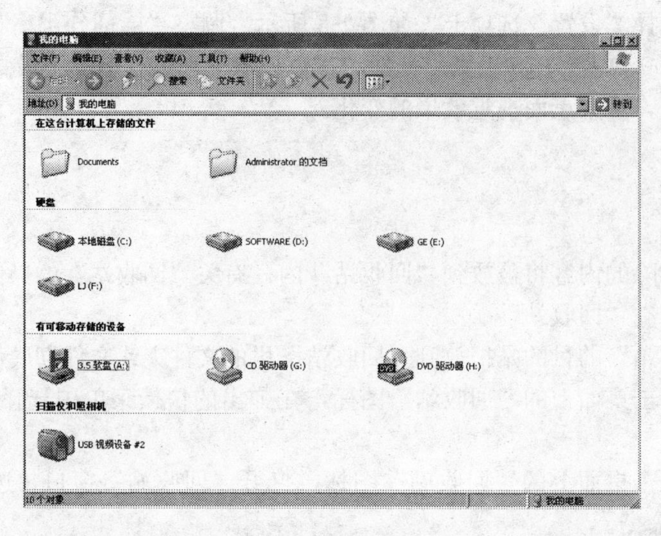

图 1-9

方法二：双击“我的电脑”图标，打开“我的电脑”窗口，按 Alt＋空格键，打开系统控制菜单，使用箭头键选择“移动”命令。使用箭头键将窗口移动到指定的位置上，按回车键即可。

第二步：设置窗口最大化、最小化。

(1) 最大化窗口。

方法一：打开“我的电脑”窗口，单击窗口标题栏右上角的“最大化”按钮。

方法二：打开“我的电脑”窗口，单击窗口标题栏左上角的窗口控制菜单图标，选择“最大化”命令。

方法三：打开“我的电脑”窗口，双击窗口标题栏，可以在窗口最大化和恢复原状之间切换。

(2) 最小化窗口。

方法一：打开“我的电脑”窗口，单击窗口标题栏右上角的“最小化”按钮。

方法二：打开“我的电脑”窗口，单击窗口标题栏左上角的窗口控制菜单图标，选择“最小化”命令。单击任务栏上的应用程序图标，可以在窗口最小化和恢复原状之间切换。

第三步：改变窗口尺寸的操作，打开“我的电脑”窗口，移动鼠标指针到窗口边框并拖动，改变窗口尺寸为任意大小。

第四步：窗口滚动条的操作。

打开“控制面板”窗口，缩小“控制面板”窗口，使窗口的右边及下边都出现滚动条。用鼠标拖动滚动条，查看窗口中的信息。

第五步：窗口关闭。

方法一：打开“我的电脑”窗口，单击窗口标题栏上的“关闭”按钮。

方法二：打开“我的电脑”窗口，单击窗口标题栏左上角的窗口控制菜单图标，选择“关闭”命令。

方法三：打开“我的电脑”窗口，右击窗口标题栏，在弹出的窗口控制菜单中，选择“关闭”命令。

方法四：打开“我的电脑”窗口，按快捷键 Alt＋F4。

方法五：打开“我的电脑”窗口，右击任务栏的窗口按钮，在弹出的窗口控制菜单中，选择“关闭”命令。

方法六：打开“我的电脑”窗口，单击“文件”→“关闭”命令。

【实训 1-3-2】

菜单与快捷菜单操作。

实训步骤：

第一步：打开“我的电脑”窗口，逐个执行菜单栏中各菜单命令，熟悉菜单命令的作用。

第二步：在菜单栏上选择“查看”→“详细信息”命令，观察窗口中文件和文件夹的显示方式。

第三步：在菜单栏上选择“查看”→“缩略图”命令，观察窗口中文件和文件夹的显示方式。

第四步：在菜单栏上选择“帮助”→“帮助和支持中心”命令，弹出“帮助”对话框，在其中找到 Windows XP 的简单使用说明，关闭“帮助”对话框。

第五步：在桌面上右击“我的电脑”图标，在弹出的快捷菜单中选择“属性”命令，弹出“系统属性”对话框。关闭“系统属性”对话框。

第六步：关闭“我的电脑”窗口。

【实训 1-3-3】

“资源管理器”启动。

实训步骤：

方法一：单击“开始”按钮，选择“程序”→“附件”→“Windows 资源管理器”命令。

方法二：在桌面上右击“我的电脑”或“我的文档”或“回收站”图标，在弹出的快捷菜单中选择“资源管理器”命令。

方法三：在“我的电脑”窗口右边的用户工作区任选一个对象右击，在弹出菜单中选择“资源管理器”命令。

方法四：按快捷键 Win＋E。

弹出“资源管理器”窗口，如图 1-10 所示。

【实训 1-3-4】

使用“资源管理器”浏览磁盘内容。

实训步骤：

第一步：单击左侧文件夹列表窗口某一驱动器盘符或文件夹，在右边的内容窗口中就能够看到该驱动器或文件夹包含的内容。

第二步：单击某一驱动器盘符或文件夹前面的加号“＋”，可以将该驱动器或文件

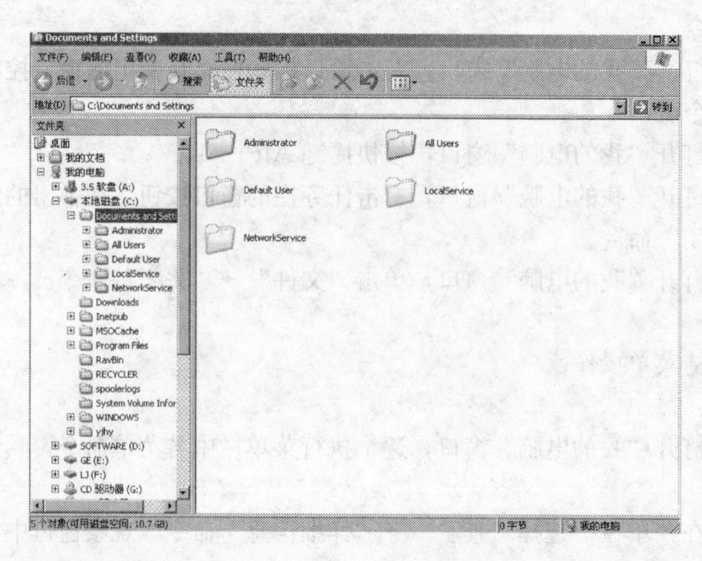

图 1-10

夹“展开”，显示其包含的子文件夹。

第三步：单击某一驱动器盘符或文件夹前面的减号“－”，可以将该驱动器或文件夹“折叠”，隐藏显示其包含的子文件夹。

第四步：选择“查看”→“平铺”命令，观察窗口中文件和文件夹的显示方式。

第五步：选择“查看”→“图标”命令，观察窗口中文件和文件夹的显示方式。

实训项目四 文件和文件夹操作

一、实训目的

（1）掌握文件和文件夹的创建、移动、复制、删除、重命名、文件属性的修改。

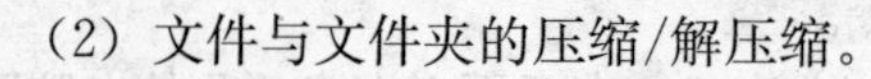
（2）文件与文件夹的压缩/解压缩。

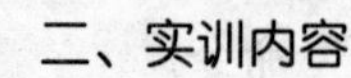
二、实训内容

【实训 1-4-1】

文件和文件夹的常用操作。

实训步骤：

第一步：在 D 盘下建立文件夹 GUO。

依次双击“我的电脑”、“本地磁盘(D:)”，在空白处右击，在弹出的快捷菜单中选择“新建”→“文件夹”命令，如图 1-11 所示，然后输入文件夹名称，如图 1-12 所示。

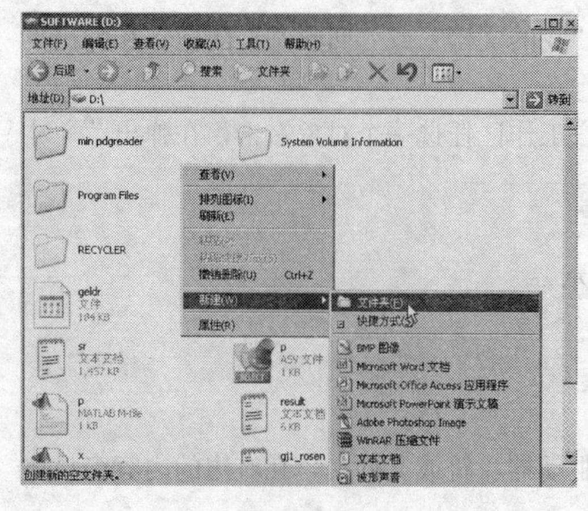

图 1-11

第二步：在 GUO 文件夹中创建名为 B3AP. TXT 和 B4AP. TXT 的文件，并设置 B3AP. TXT 文件属性为隐藏。

双击打开 GUO 文件夹，在空白处右击，选择“新建”→“文本文档”命令，如图 1-13所示。输入文件名 B3AP；同样方法新建文件 B4AP. TXT，如图 1-14 所示。

右击 B3AP. TXT 文件，打开“B3AP 属性”对话框，设置隐藏属性，如图 1-15 所示。

第三步：将 GUO 文件夹中的 B4AP. TXT 文件复制到 C 盘，并重命名为 C3AX. TXT。

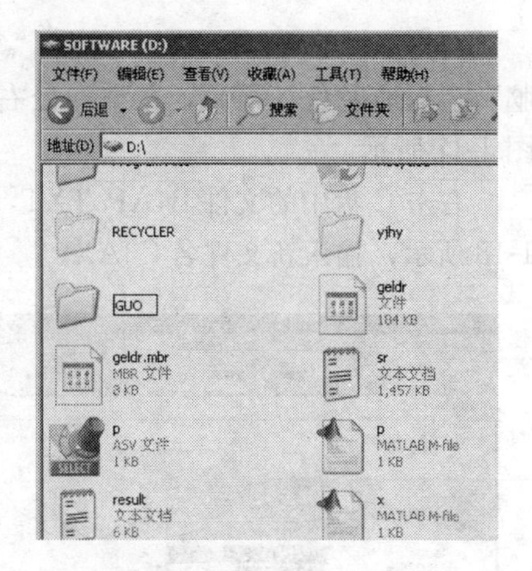

图 1-12

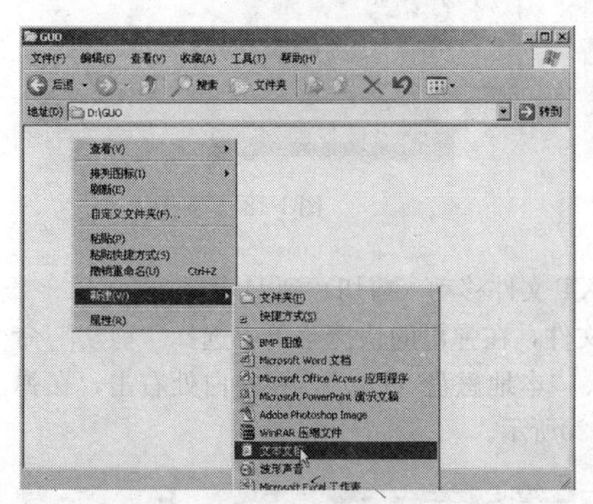

图 1-13

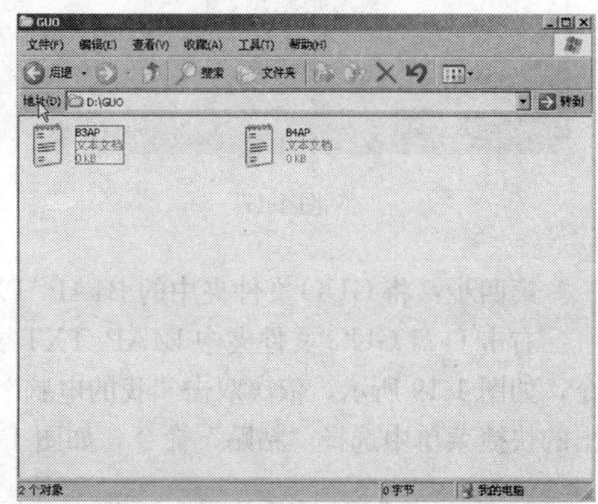

图 1-14

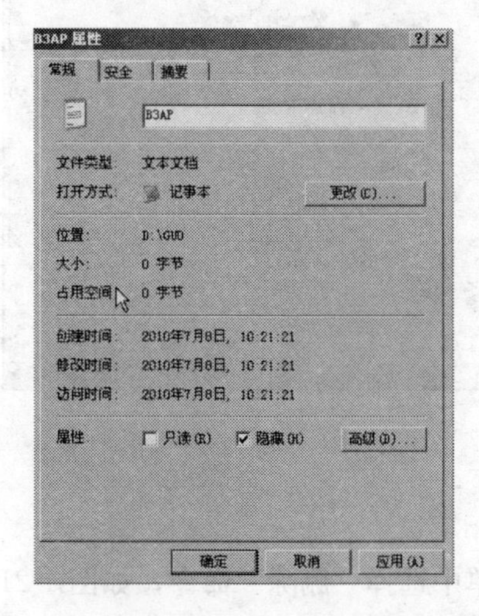

图 1-15

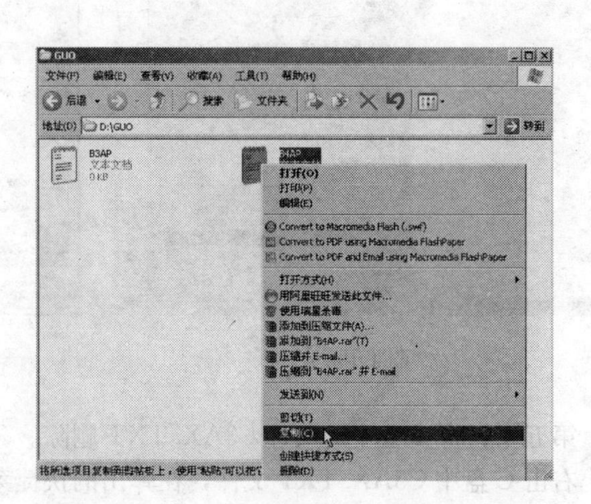

图 1-16

右击 B4AP. TXT 文件，选择“复制”命令，如图 1-16 所示。依次双击“我的电脑”、“本地磁盘（C:）”，在空白处右击，在弹出的快捷菜单中选择“粘贴”命令，如图 1-17 所示。

右击 C 盘中的文件 B4AP. TXT，在弹出的快捷菜单中选择“重命名”命令，如图 1-18 所示，输入新文件名 C3AX。

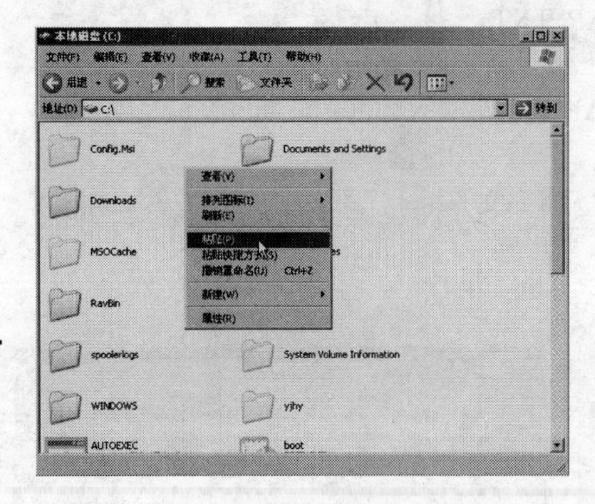

图 1-17

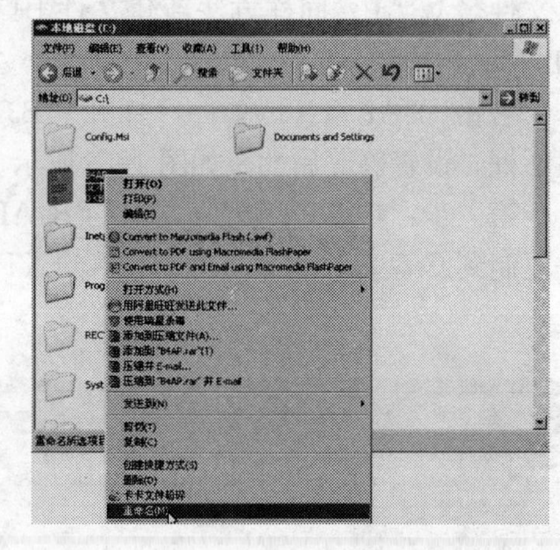

图 1-18

第四步：将 GUO 文件夹中的 B4AP. TXT 文件移动（剪切）到 D 盘。

右击 D 盘 GUO 文件夹中 B4AP. TXT 文件，在弹出的快捷菜单中选择“剪切”命令，如图 1-19 所示。依次双击“我的电脑”、“本地磁盘（D:）”，在空白处右击，在弹出的快捷菜单中选择“粘贴”命令，如图 1-20所示。

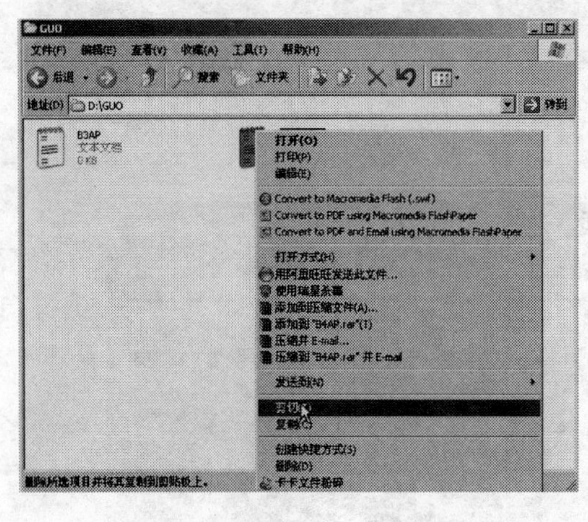

图 1-19

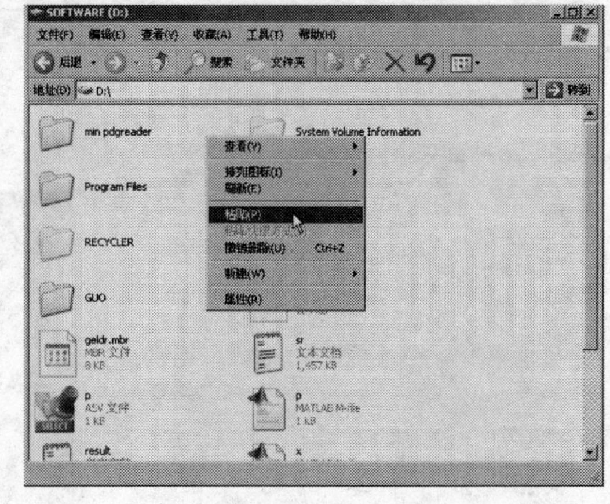

图 1-20

第五步：将 C 盘中的文件 C3AX. TXT 删除。

右击 C 盘中 C3AX. TXT 文件，在弹出的快捷菜单中选择“删除”命令，如图 1-21 所示。

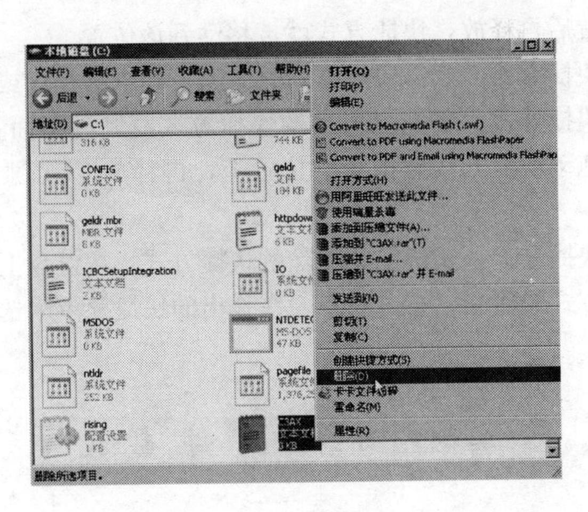

图 1-21

【实训 1-4-2】

文件或文件夹的压缩/解压缩操作。

实训步骤：

第一步：压缩文件夹或文件。

选中需要进行压缩的文件或文件夹，然后右击，在弹出的快捷菜单中选择“发送到”→“压缩（zipped）文件夹”命令，便可自动将文件或文件夹进行压缩。

第二步：解压缩文件夹或文件。

在解压缩文件夹时，可以选中压缩包，然后右击，在弹出的快捷菜单中选择“全部提取”命令。在出现的提取向导中单击“下一步”按钮，在出现的对话框中单击“浏览”按钮为解压缩文件选择存放路径，单击“下一步”按钮便可完成解压缩操作。

当然，用户也可以使用第三方解压缩软件（WinRAR、Winzip 等）进行文件夹或文件的解压缩。

实训项目五　快捷方式使用

一、实训目的

（1）了解快捷方式原理和作用。

（2）熟悉快捷方式基本操作。

二、实训内容

【实训 1-5-1】

快捷方式操作。

实训步骤：

第一步：选定快捷方式。单击某一快捷方式。该图标颜色变深，即被选定。

第二步：移动快捷方式。将鼠标光标移动到某一快捷方式上，按住左键不放，拖动快捷方式到某一位置后再释放，快捷方式就被移动到该位置。

第三步：执行快捷方式。双击快捷方式就会执行相应的程序或文档。

第四步：复制快捷方式。要把窗口中的快捷方式复制到桌面上，可以按住 Ctrl 键不放，然后用鼠标拖动快捷方式到指定的位置上，再释放 Ctrl 键和鼠标，即可完成快捷方式的复制。

第五步：删除快捷方式。先选定要删除的快捷方式，按键盘上的 Del 键即可删除。

第六步：快捷方式的建立。右击对象，在弹出的快捷菜单中选择“发送到桌面快捷方式”命令。

实训项目六　文件查找

一、实训目的

（1）掌握文件查找方法。

（2）熟悉模糊文件名查找方法。

二、实训内容

【实训 1-6-1】

文件查找。

打开搜索对话框的方法有以下几种。

方法一：在任何文件夹窗口单击工具栏上的“搜索”按钮。

方法二：右击某一文件夹或盘符，在弹出的快捷菜单中选择“搜索”命令。

方法三：选择“开始”→“搜索”命令，显示如图 1-22 所示搜索窗口。

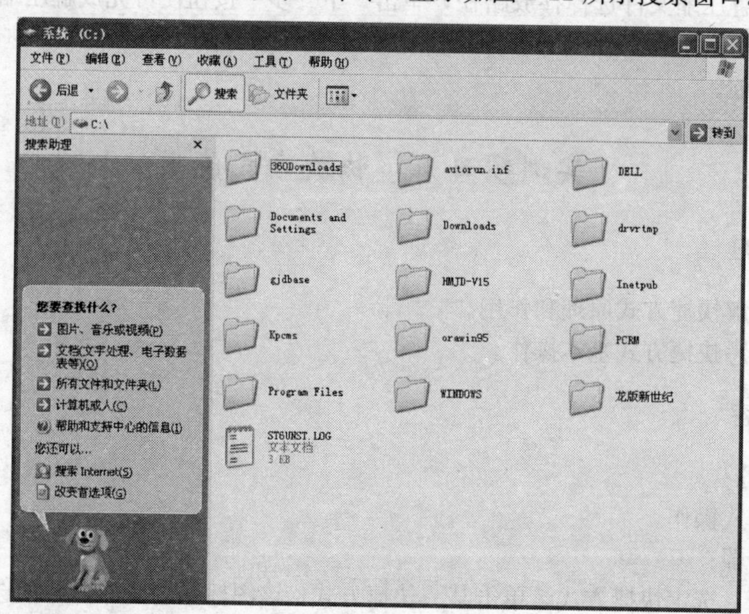

图 1-22

实训步骤：

第一步：选择搜索对象的类型。可供用户选择的对象类型有：

（1）图片、音乐或视频；

（2）文档（文字处理、电子数据表等）；

（3）所有文件和文件夹；

（4）计算机或人。

选择“所有文件和文件夹”选项。

第二步：设定搜索条件。

搜索条件含义如下：

（1）“全部或部分文件名”输入框。用户可以在这里输入要搜索的文件夹名或文件名。这里的文件夹或文件的名字可以使用通配符？或＊来实现模糊搜索。？表示替代 1 个或字符，＊表示替代 1 个字符或多个字符。表 1-1 所示为常见模糊文件名的含义。

表 1-1　模糊文件名的含义

文件名	含　义
A?? . TXT	以 A 开头，长度为 3，扩展名为 TXT 的所有文件
B? CC. *	以 B 开头，第 3、4 字符为 CC，扩展名任意的所有文件
? C*. *	第 2 字符为 C 的所有文件
*. DOC	扩展名为 DOC 的所有文件
*. *	所有文件

（2）“文件中的一个字或词组”输入框。当不知道文件名或文件类型时，可以提供文件中所包含的文字进行搜索。查找范围小，搜索速度快，但容易遗漏；范围大，则反之。

（3）“在这里寻找”列表框。设定搜索范围，可以是“我的电脑”、“我的文档”、“桌面”、“共享文档”、某个磁盘驱动器等范围。

（4）搜索选项。搜索选项包含了按日期、按文件大小、按文件类型、按系统目录、按隐藏的文件或目录、按区分大小写等进一步设置搜索条件。

第三步：执行搜索。

单击“搜索”按钮，稍等片刻，用户可在右窗格的“搜索结果”栏中看到搜索到的文件和文件夹列表。如果没有找到，则显示“搜索完毕，没有结果可显示。”信息。

第二章 Word 2003 实训练习

第一部分 基础部分

实训项目一 Word 2003 概述

一、实训目的

（1）Word 2003 的启动。

（2）Word 2003 的退出。

（3）Word 2003 的窗口操作。

（4）Word 2003 工具栏的显示和隐藏。

二、实训内容

【实训 2-1-1】

Word 2003 的启动。

方法一：运用开始菜单启动 Word 软件。

执行"开始"→"程序"→Microsoft Office→Microsoft Office Word 2003 命令，即可启动 Word 软件。

方法二：运用快捷图标启动 Word 软件。

直接双击桌面上的（Word 快捷图标）也可启动 Word 软件。

注意事项：

此方法适用于其他任何软件如 Excel、PowerPoint、Flash 等。希望同学们能学以致用，举一反三。

方法三：运用"我的电脑"启动 Word 软件。

执行"我的电脑"→C：\ Program Files \ Microsoft Office \ OFFICE11，双击 Winword. exe，即可启动 Word。

注意事项：

上面启动 Word 的方法也适用于 Office 套件中的其他软件，如 Excel、PowerPoint。只不过双击的文件分别是 Powerpnt. exe 和 Excel. exe。推而广之，双击扩展名为 exe 文件即可启动相应的程序。

【实训 2-1-2】

Word 的退出。

方法一：单击 Word 窗口右上角的按钮，即可退出 Word。

方法二：按快捷键 Alt＋F4。

方法三：执行“文件”→“退出”命令。

注意事项：

退出Word的方法适用于其他软件如Excel、PowerPoint、Access。

【实训2-1-3】

Word 2003的窗口操作。

（1）单击Word界面右上角的（最小化按钮），界面窗口以最小化的形式显示在任务栏上。

（2）单击任务栏上的最小化图标，界面窗口又会回到原来的状态（最大化或还原）。

（3）单击Word界面右上角的（还原按钮），界面窗口被还原。将光标放在标题栏上，按住鼠标左键拖动，可移动窗口的位置。

（4）单击Word界面右上角的（最大化按钮），界面窗口又会以最大化形式显示。

（5）单击标题栏左侧的图标，会弹出如图2-1所示的窗口控制菜单，在该菜单中也可以对窗口进行还原、移动、最小化、最大化及关闭操作。

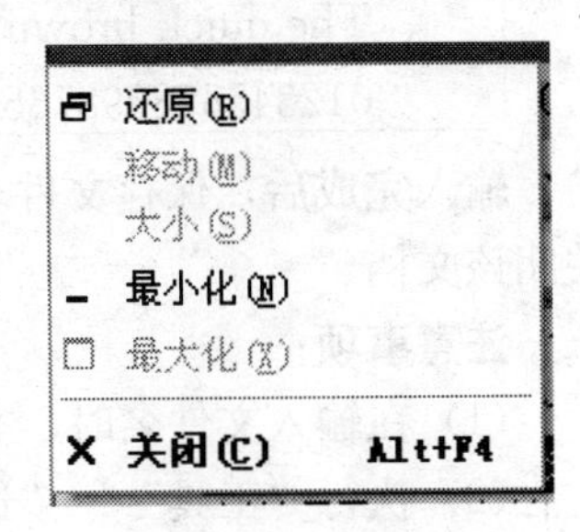

图2-1 窗口控制菜单

【实训2-1-4】

Word工具栏的显示和隐藏。

显示工具栏或隐藏工具栏的方法。

方法一：执行“视图”→“工具栏”命令，然后单击工具栏名称，未出现的（命令前无勾）工具栏显示在屏幕上，已出现的（命令前有勾）工具栏被隐藏。

方法二：在已出现的工具栏上任意位置右击，在弹出的快捷菜单中单击工具栏名称，未出现的工具栏显示在屏幕上，已出现的工具栏被隐藏。

练习：显示“图片”工具栏；隐藏“图片”工具栏。隐藏“格式”工具栏；显示“格式”工具栏。

注意事项：

“显示”或“隐藏”工具栏的方法适用于Word中的任意工具栏。同时也适用于其他软件如Excel、PowerPoint等。

练习：启动Excel软件，隐藏“常用”工具栏；显示“常用”工具栏。

实训项目二 文档基本操作与编辑

一、实训目的

（1）创建、输入、保存文档。

（2）打开文档，编辑文档内容。

（3）文档内容的查找与替换。

（4）多窗口操作。

（5）文档的保护。

二、实训内容

【实训 2-2-1】

创建、输入、保存文档。

启动 Word 软件，系统就会按 Word 默认的 Normal. dot 模板自动建立一个名为“文档 1”的新文档。在此文档中，输入以下内容。

> 第一部分：英文和数字
> The quick brown fox jumps over the lazy dog.
> 01234567899876543210

输入完成后，保存文件名为“实训 2-2-1. doc”。并执行“文件”→“关闭”命令，关闭该文档。

注意事项：

（1）在输入文件名时，文件的扩展名可不写，默认为 doc。

（2）执行“工具”→“选项”命令，单击“保存”选项卡，可设置“自动保存时间间隔”，默认为 10 分钟。

【实训 2-2-2】

打开文档“实训 2-2-1. doc”，空一行后接着输入如下内容。

> 第二部分：中文、英文和符号
> 男孩 boy 女孩 girl，BOY GIRL！
> ☆🏳在天空飘扬，℗里🚗很多，体育馆里正在举行[symbols]等各种比赛……
> 🌏是大家共同的家园。

原名保存文档，并单击菜单栏右侧的关闭按钮，关闭 Word 文档窗口。

【实训 2-2-3】

打开文档，编辑文档内容。

打开文档“实训 2-2-1. doc”，空一行后接着输入如下内容。

> 第三部分：中文与编辑
> ＝RAND（4，5）

按回车键后产生 4 段内容，每段内容中有 5 句话。

接下来进行编辑。将 4 段内容中的第 2 段与第 3 段合并为一段。将光标定位于合并段落的第一句话中的“狐狸”二字前面，删除文字“那只敏捷的棕毛”。将光标定位于“跃过”的后面，删除文字“那只懒”。

执行“工具”→“拼写和语法”命令，忽略全部的语法错误。

另存为“实训 2-2-2. doc”。并关闭 Word。

注意事项：

函数 RAND（X，Y）中的 X 表示系统自动产生相同内容的段落数，Y 表示产生的每个段落中的语句数。X 和 Y 为 1～200 的自然数。只是注意必须使用英文标点。此函数的功能主要用于快速产生 Word 功能测试用的语句和段落。

【实训 2-2-4】

文档内容的查找与替换。

打开“实训 2-2-2. doc”，将后 3 段内容设置为小四号、楷体 _ GB2312、首行缩进 2 个字符，将所有“狐狸”查找替换为加粗。原名保存文件。

【实训 2-2-5】

多窗口操作。

有两张很相似的图片需要找出它们之间的区别。若打印出来进行比较太浪费。只需要将分别存放在 2 个 Word 文件中的 2 个图片分别打开，使用“窗口”→“并排比较”命令，就能很轻松地实现在屏幕上比较两个图片之间的差别。

分别打开“实训 2-2-5”文件夹中的“找茬图片 1”和“找茬图片 2”，使用并排比较方法找出不同的地方。

【实训 2-2-6】

文档的保护。

(1) 打开文档“实训 2-2-2. doc”，选择“工具”→“保护文档”命令，出现“保护文档”任务窗格。设置“格式设置限制”和“编辑限制”，分别选中“限制对选定的样式设置格式”和“仅允许在文档中进行此类编辑”复选框。单击“是，启动强制保护”按钮，设置密码为 123。原名保存并关闭文档。重新打开文档，文档处于保护之中，不能编辑。要停止保护文档，选择“工具”→“取消文档保护”命令，在对话框中输入密码 123 即可。

(2) 选择“工具”→“选项”命令，在“安全性”标签中，设置“打开文件时的密码”为 666，“修改文件时的密码”为 abc，以保护自己的文档，将文件另存为 2-2-6. doc。

上述方法设置完成后，需要保存关闭文档后重新打开文档时设置才生效。

实训项目三　文档排版

一、实训目的

(1) 设置文字格式。

(2) 设置段落格式。

(3) 其他格式的设置。

(4) 格式的复制与清除。

(5) 模板的使用。

二、实训内容

【实训 2-3-1】

设置文字格式。

(1) 新建“实训 2-3-1. doc”文件，输入校名“四川师范大学”。

(2) 将校名设置为黑体，小初，居中。

(3) 按照红橙黄绿青蓝依次设置各字的字体颜色。

（4）设置字符间距为加宽 3 磅，设置“川”、“学”二字位置提高 6 磅，“范”字位置降低 6 磅。

（5）文字效果为礼花绽放。效果如图 2-2 所示（礼花绽放的文字效果打印不出来）。

四川师范大学

图 2-2

【实训 2-3-2】

（1）新建一个 Word 文档，在文档中的大约第 5 行中间（自己估计）位置双击，直接输入某一古诗（如《望庐山瀑布》）。

（2）将标题设置为三号仿宋 _ GB2312、加粗、文字蓝色底纹、居中。

（3）正文按每个标点分一段，设置为四号楷体 _ GB2312，全部居中。保存为“实训 2-3-2. doc”。

（4）将正文部分各行的最后两个字加着重号。

（5）第一段文字加下划线（单线），第二段文字设置为空心，第三段文字设置阴影，第四段文字加边框。

（6）原名保存。

【实训 2-3-3】

设置段落格式。

打开文档“实训 2-3-3. doc”，按下列要求设置、编排文档格式。

（1）设置字体：第一行标题为隶书，正文第一段为华文新魏，正文第二段为华文细黑，正文第三段为楷体 _ GB2312，最后一行为黑体。

（2）设置字号：第一行标题为一号，正文第一段和第三段为小四。

（3）设置字形：第一行标题倾斜，正文第一段加下划线，正文第四段加粗加着重号。

（4）设置对齐方式：第一行标题居中，第二行居中，最后一行右对齐。

（5）设置段落缩进：正文各段首行缩进 2 字符，全文左、右各缩进 1 字符。

（6）设置行（段落）间距：全文段前、段后各 0.5 行，正文第二段和第三段行距为固定值 18 磅。

【实训 2-3-4】

其他格式的设置。

新建“实训 2-3-4. doc”文件，输入下列文字，并按文字指出的字形和字体进行设置（其中英文字体设置为“使用中文字体”），并在各段前加上相应项目符号，并原名保存文件。

- 五号黑体字
- 四号楷体 _ GB2312 字
- 20 磅宋体字
- 14 磅仿宋 _ GB2312 字

空一行后在文档中录入“××市物价局××市教育局文件”字样。设置字号为三号，同时将“××市物价局××市教育局”设置为双行合一。

【实训 2-3-5】

格式的复制与清除。

X2＋Y2＝Z2　　　　X^2＋Y2＝Z2^

对于第一个式子，设置 X 后的 2 为上标，使用格式刷复制 X 后的 2 的格式，去刷 Y 和 Z 后的 2。

有一个同学边输入边设置，设置 X 后的 2 为上标后接着输入，就变成了第二个式子，请想方法使第二个式子中只有 2 是上标，清除其他内容的上标格式。

【实训 2-3-6】

模板的使用。

使用名片模板，制作个人名片。

选择“文件”→“新建”命令，出现“新建文档”任务窗格，单击“本机上的模板”超链接，出现“模板”对话框。在“模板”对话框中，单击“其他文档”标签，选择“名片制作”向导，选择样式，填入个人信息，图标文件可插入剪贴画代替，这样就可以自己设计个人名片了，保存为“实训 2-3-6. doc”。

实训项目四　页面设置与文档打印

一、实训目的

（1）设置页面格式。

（2）设置页眉和页脚。

（3）分栏、分页、分节。

（4）打印设置与输出。

二、实训内容

【实训 2-4-1】

设置页面格式。

打开文档“实训 2-4-1. doc”，按照要求完成操作并保存文档。

（1）将标题段（“金山推出全球第一套蒙文版办公软件”）文字设置为三号，阴影黑体、居中、加文字蓝色底纹。

（2）将正文各段文字“近日……蒙文版的 WPS OFFICE。”设置为小四号，楷体_GB2312，各段落 1.4 倍行距，首行缩进 2 字符，左右各缩进 2 字符。

（3）将文档页面的纸型设置为“16 开（18.4 厘米×26 厘米）”、左右边界各为 3 厘米；在页面底端（页脚）右侧位置插入页码。

【实训 2-4-2】

打开文档“实训 2-4-2. doc”，按照要求完成操作并保存文档。

(1) 设置页面上、下边距各为 3 厘米，页面垂直对齐方式为“居中对齐”。

(2) 将标题段文字“木星及其卫星”设置为 18 磅、阴影、楷体 _ GB2312、居中、字符间距加宽 6 磅。

(3) 设置正文各段“木星是太阳系中……简介：”段前间距为 0.5 行。

(4) 设置正文第一段“木星是太阳系中……公斤。”首字下沉 2 行（距正文 0.1 厘米）。

(5) 将正文第一段末尾处“1027 公斤”中的“27”设置为上标形式。

【实训 2-4-3】

设置页眉和页脚。

打开文档“实训 2-4-3. doc”，按照要求完成下列操作并保存文档。

(1) 将标题段“历史悠久的古城——正定”文字设置为四号、红色、阴影、宋体、居中、段后间距 0.7 行。

(2) 将正文各段文字“位于河北省省会……旅游胜地。”设置为五号、仿宋 _ GB2312；各段落左右各缩进 2 字符、首行缩进 2 字符、段前间距 0.5 行。

(3) 给全文中的所有“正定”加着重号。

(4) 设置文档页面的上下边距各为 2.8 厘米。

(5) 插入页眉，页眉内容为“河北省旅游指南”、对齐方式为右对齐；插入页脚，页码格式为罗马数字格式Ⅰ，Ⅱ，Ⅲ；对齐方式为居中。

【实训 2-4-4】

分栏、分页、分节。

新建文档“实训 2-4-4. doc”，在英文状态下输入内容“＝rand（1，15）”后按回车键，将正文部分复制后粘贴 2 次，将后两段合为一段。将新的一段分为三栏，栏宽相等，栏宽为 8 字符，栏间加分隔线。存储为文件“实训 2-4-4. doc”。

【实训 2-4-5】

打印设置与输出。

打开文档“实训 2-4-5. doc”，将段落（“最优前五项”）进行段前分页，使得“最优前五项”及其后面的内容分隔到下一页，插入页码位置为页面顶端（页眉）、对齐方式为居中、且首页显示页码。

将文档页面的纸型设置为 16 开（18.4 厘米×26 厘米）、左右边距各为 3 厘米；单击“打印预览”按钮进行预览后以原文件名保存文档。

实训项目五　图形图像处理

一、实训目的

(1) 插入图片。

(2) 编辑图片。

(3) 绘制图形。

(4) 制作艺术字。

(5) 使用文本框。

二、实训内容

【实训 2-5-1】

插入图片、编辑图片。

新建文档“实训 2-5-1. doc”，插入名为 tiger 的剪贴画；插入文件“北京 2008 年第 29 届奥运会吉祥物——福娃 . bmp”到文档中；插入文件“北京 2008 年奥运会志愿者标志 . jpg”到文档中。

注意事项：

图形是指由外部轮廓线条构成的矢量图，即由计算机绘制的直线、圆、矩形、曲线、图表等；而图像是由扫描仪、摄像机等输入设备捕捉实际的画面产生的数字图像，是由像素点阵构成的位图。

打开文档“实训 2-5-1. doc”，将名为 tiger 的剪贴画的颜色改为灰度；将图片“北京 2008 年第 29 届奥运会吉祥物——福娃 . bmp”上的文字裁剪掉；将“北京 2008 年奥运会志愿者标志 . jpg”图片版式设置为浮于文字上方。

【实训 2-5-2】

绘制图形。

绘制有立体感的五星、五环和请勿吸烟的标志，如图 2-3 所示。

图 2-3

绘制校训图，如图 2-4 所示。利用“绘图”工具栏，首先画一个基准的等腰三角形，设置三角形的高为 11 厘米，宽为 11 厘米。再画一个等腰三角形，设置三角形的高为 3 厘米，宽为 3 厘米，颜色为粉红色；移动三角形使之与上一个三角形顶点重合。

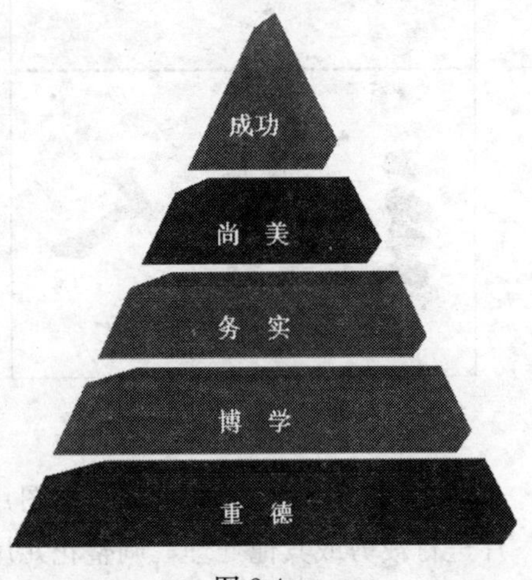

图 2-4

画一个梯形，设置颜色为 80%灰色，高为 1.5 厘米，宽为 11 厘米，旋转 180°；然后拖动梯形使之与三角形的底边重合，使用梯形上的改变形状功能的黄色菱形调整梯形的边线与三角形的腰重合。复制梯形 3 次，设置梯形的高都为 1.5 厘米，宽分别为 9 厘米、7 厘米、5 厘米，颜色分别为红色、绿色、蓝色，调整这三个梯形使它们都与基准三角形的腰重合，图形间等间距。

将 4 个梯形和小三角形的三维效果样式设置为三维样式 11。分别在其上添加文字“重德、博学、务实、尚美、成功”，设置为宋体、三号、白色，居中。然后将 4 个梯形和小三角形组合为一个整体。最后将基准三角形删除或设置线条颜色为无，并将其隐藏。最终效果如图 2-4 所示。

注意事项：

图形的移动方法为拖动或使用方向键，微小移动为 Ctrl＋方向键。

【实训 2-5-3】

制作艺术字。

（1）单击“插入”→“图片”→“艺术字”命令，插入艺术字，保持默认的艺术字样式，输入两个“喜”字，设置为华文彩云。设置艺术字格式中的填充颜色和线条颜色均为红色。单击艺术字工具栏上的艺术字字符间距按钮，将间距调整为紧密。将艺术字大小调整为合适即可，复制一份，将之设置为垂直翻转。效果如图 2-5 所示。

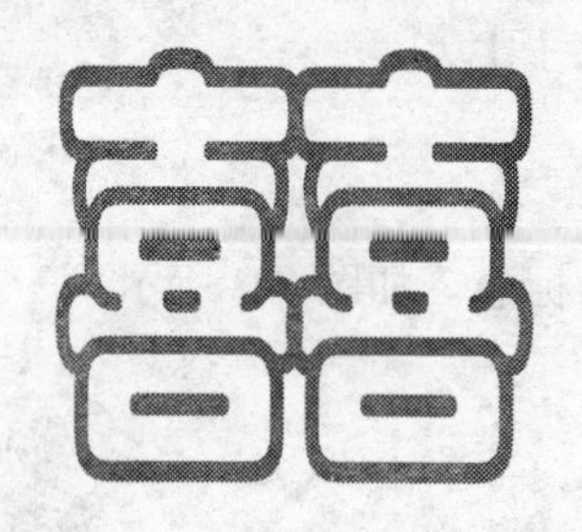

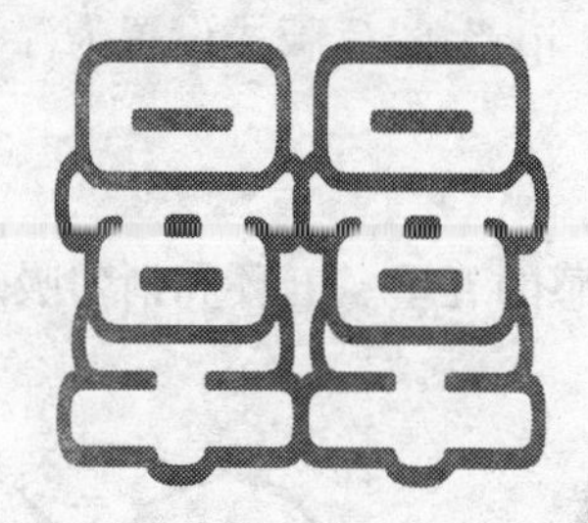

图 2-5

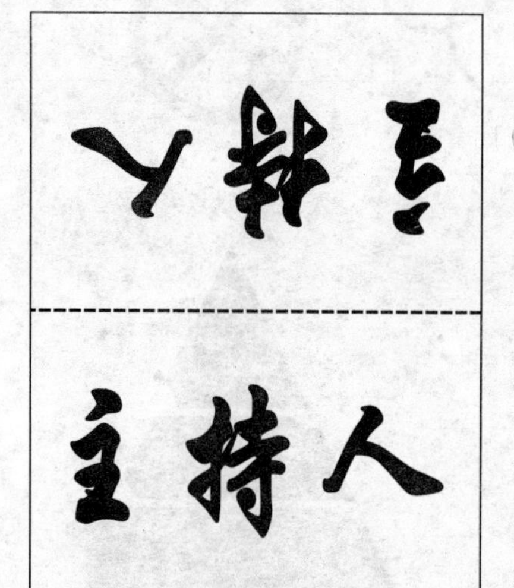

图 2-6

（2）座位签一般出现在会议、宴会等场合，起一个指示的作用。座位签设计时应该考虑到打印后方便裁剪和折叠。座位签的制作效果如图 2-6 所示。

先画一个 2 行 1 列的表格，调整到合适大小。

在表格下方插入艺术字，选择默认样式，键入“主持人”，设置为华文行楷后确定，设置艺术字格式中的填充颜色为黑色。复制一份艺术字，设置为水平翻转加垂直翻转。分别将之拖到表格中，设置整个表格为居中，表格中的单元格为中部居中即可。

（3）插入艺术字，选择默认的艺术字格式，输入“奖”字，设置字体为华文行楷、加粗。设置艺术字的填充颜色为红色，线条颜色为黄色。设置艺术字的阴影为阴影样式 14。按需要设置大小。在网上搜索“一朵红花”的图片，复制其中一张粘贴到艺术字所在的文件中，对图片进行裁剪或其他处理，调整花儿尺寸，移动图片与艺术字的其中一个笔画重合，最后将艺术字和花儿组合在一起，如图 2-7所示。

图 2-7

【实训 2-5-4】

使用文本框。

(1) 不需要专业的名片设计软件，仅用 Word 文本框也可以设计出满意的个人名片，如图 2-8 所示。

教育部教育管理信息中心

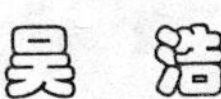

地址：北京西单大木仓胡同37号业务楼群416室(100816)

Email: wuhao@moe.edu.cn

电话: 66096209

传真: 66097211

手机: 13401051122

图 2-8

(2) 也可以利用文本框设计报纸版面。图 2-9 所示为报纸版面的一部分。

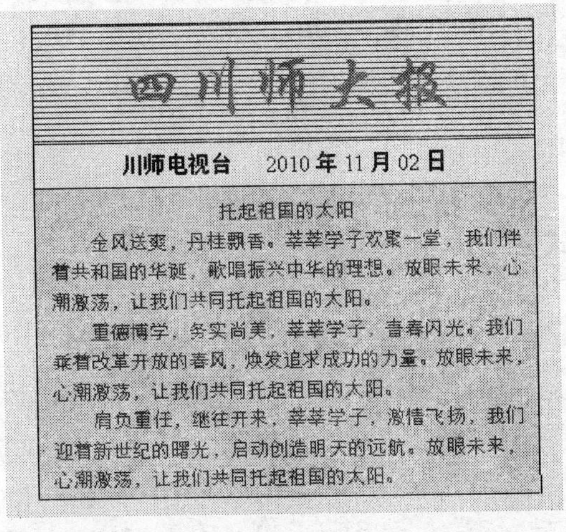

四川师大报

川师电视台　2010 年 11 月 02 日

托起祖国的太阳

金风送爽，丹桂飘香。莘莘学子欢聚一堂，我们伴着共和国的华诞，歌唱振兴中华的理想。放眼未来，心潮激荡，让我们共同托起祖国的太阳。

重德博学，务实尚美，莘莘学子，青春闪光。我们乘着改革开放的春风，焕发追求成功的力量。放眼未来，心潮激荡，让我们共同托起祖国的太阳。

肩负重任，继往开来，莘莘学子，激情飞扬，我们迎着新世纪的曙光，启动创造明天的远航。放眼未来，心潮激荡，让我们共同托起祖国的太阳。

图 2-9

（3）利用文本框制作私人印鉴。

首先画一个竖排文本框，输入姓名，姓输入后按 Enter 键，换入第 2 行后输入名。然后选中文本框中的文字，设置字体为华文行楷或隶书，字号为 20，颜色为红色。单击“格式”→“段落”命令，在“段落”对话框，设置对齐方式为居中，行距为固定值 22 磅。将三字姓名的“邱”的字符缩放设置为 200%，二字姓名的根据字体设置。接下来在文本框的“设置文本框格式”对话框中，设置文本框填充颜色为无填充颜色，线条颜色为红色，线条粗细为 2 磅；文本框大小为宽度和高度都为 2 厘米；设置文本框内部边距上、下、左、右的值均为 0.15 厘米。效果如图 2-10 所示。

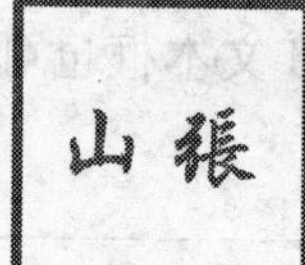

图 2-10

（4）在文本框中输入图 2-11 所示的内容，设置为小一号、加粗，行距为固定值 28 磅。选择“格式”→“调整宽度”命令，设置为 14 个字符宽（与最长的那行文字数相同）。最后不显示段落标记。

成都房地产管理局
成都市国土资源局
成都市发展和改革委员会
成都市安全生产监督管理局
成都市公安局
成都市卫生局
成都市国有资产监督管理委员会
成都市工商行政管理局
成都市总工会

图 2-11

注意事项：

使用分散对齐方式也可以。

实训项目六　表格制作

一、实训目的

（1）插入表格。

（2）绘制表格。

（3）文本与表格的转换。

(4) 编辑表格。

(5) 表格数据的排序和计算。

二、实训内容

【实训 2-6-1】

插入表格。

制作 4 行 5 列表格，列宽 2 厘米，行高 0.7 厘米。设置表格边框为蓝色实线 1.5 磅，内线为蓝色实线 0.5 磅，表格底纹为浅青绿色（图 2-12）。存储为文件“实训 2-6-1. doc”。

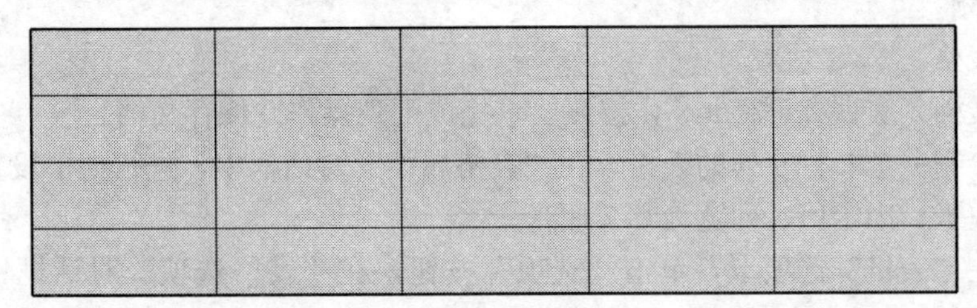

图 2-12

将以上表格复制一份，然后将复制后的表格线改为黑色，底纹改为白色，第 3，4 列列宽改为 2.4 厘米，再将前二列的 1、2 行单元格合并为一个单元格，将第 3、4 列的 2～4 行拆分为 3 列（图 2-13），并存储文件。

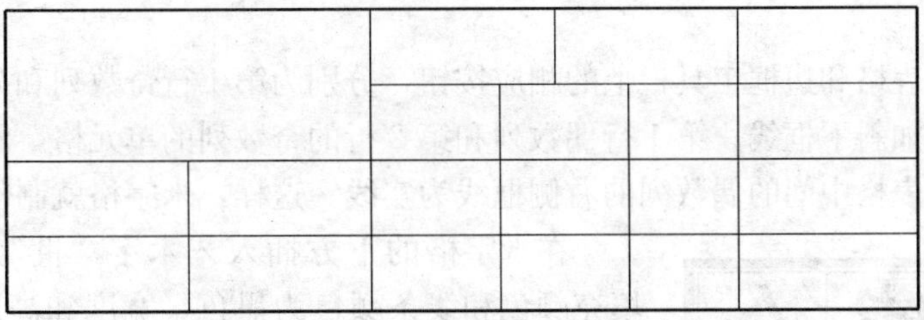

图 2-13

【实训 2-6-2】

新建文档“实训 2-6-2. doc”，按照要求完成下列操作并保存文档。

(1) 制作一个 6 行 5 列表格，设置表格列宽为 2.5 厘米、行高 0.6 厘米、表格居中；设置外框线为红色 1.5 磅双窄线、内框线为红色 1 磅单实线、第 2、3 行间的表格线为红色 1.5 磅单实线。

(2) 对表格进行如下修改：合并第 1、2 行第 1 列单元格，并在合并后的单元格中添加一条红色 0.75 磅单实线对角线；合并第 1 行第 2～4 列单元格；合并第 6 行第 2～4 列单元格，并将合并后的单元格均匀拆分为 2 列；设置表格第 1、2 行为蓝色底纹。修改后的表格形式如图 2-14 所示。

图 2-14

【实训 2-6-3】

绘制表格。

新建文档“实训 2-6-3. doc”，按照要求完成下列操作并保存文档。

（1）绘制一个 2 行 6 列的表格，在“表格属性”对话框中，进行如下设置：设置行高为 0.7 厘米，固定值；列宽为 0.7 厘米。

（2）在“表格”选项卡，单击“选项”按钮，在“表格选项”对话框中，取消对“自动重调尺寸以适应内容”复选框。

（3）单击“边框和底纹”按钮，在“边框”选项卡中，单击“设置”下的“网格”选项，在线型下选外粗内细的线，然后在预览区可看到效果；单击“设置”下的自定义选项，在线型下选虚线，颜色设置为 40％灰色，然后单击预览区中的表格内部的横线、竖线，将表格内部的线条全部修改为灰色的虚线。单击“确定”按钮退出对话框。

（4）利用表格和边框工具栏上的相应按钮，分别为第 1 行奇数列和第 2 行的偶数列的单元格，添加斜下框线；第 1 行偶数列和第 2 行的奇数列的单元格，添加斜上框线。

（5）设置表格中间的偶数列的右侧框线为实线。这样，米字格就制作完成了。

图 2-15

在米字格的下方插入艺术字“世”，设置为楷体，填充颜色和线条颜色为黑色，宽度和高度都为 1 厘米，文字环绕方式为浮于文字上方。复制艺术字“世”2 次，分别将文字改为“博”和“会”。将文字分别拖到米字格中调整好位置即大功告成（图 2-15）。

【实训 2-6-4】

文本与表格的转换。

打开文档“实训 2-6-4. doc”，按照要求完成下列操作并保存文档。

（1）将文中 7 行文字转换成一个 7 行 2 列的表格，并使用表格自动套用格式的“简明型 1”修改表格样式。

（2）设置表格居中、表格中所有文字中部居中。

（3）设置表格列宽为 5 厘米、行高为 0.6 厘米，设置表格所有单元格的左、右边距均为 0.3 厘米（使用“表格属性”对话框中的“单元格”选项进行设置）。

（4）在表格最后一行之后添加一行，并在“参数名称”列输入“发动机型号”，在

“参数值”列输入“JL474Q2”。

【实训2-6-5】

编辑表格。

打开文档“实训2-6-5.doc”，按照要求完成下列操作并保存文档。

(1) 删除表格的第3列(“职务”)，在表格最后一行之下增添3个空行。

(2) 设置表格列宽：第1列和第2列为2厘米，第3～5列为3.2厘米。

(3) 将表格外部框线设置成蓝色，1.5磅，表格内部框线为蓝色，1磅；第一行加蓝色底纹。

【实训2-6-6】

打开文档“实训2-6-6.doc”，按照要求完成下列操作并保存文档。

(1) 将表格标题段“C语言int和long型数据的表示范围”设置为三号宋体、加粗、居中。

(2) 在表格第2行第3列和第3行第3列单元格中分别输入“-2^{15}到$2^{15}-1$”、“-2^{31}到$2^{31}-1$”。

(3) 设置表格居中、表格中所有内容水平居中；表格中的所有内容设置为四号宋体。

(4) 设置表格列宽为3厘米、行高0.8厘米、外框线为红色1.5磅双窄线、内框线为红色1磅单实线，设置第1行单元格为黄色底纹，以原文件名保存文档。

【实训2-6-7】

表格数据的排序和计算。

打开文档“实训2-6-7.doc”，按照要求完成下列操作并保存文档。

(1) 设置表格的列宽为2.4厘米，行高为0.9厘米，在表格最后插入一列，输入列标题为“总计”。

(2) 计算各考生的总成绩，而且表格内的文字和数据均水平居中和垂直居中。

【实训2-6-8】

(1) 新建“实训2-6-8.doc”文件，制作5行4列表格，列宽3厘米，行高0.7厘米，填入数据。

(2) 将表格中所有文字居中，所有数字右对齐，整个表格居中对齐。

(3) 将第5行和第4列设置为黄色底纹。

(4) 计算总产值和合计的值。按总产值列升序排序。

(5) 做完后保存，如图2-16所示。

单位	工业	农业	总产值
第三区	1600	5900	
第二区	2800	3700	
第一区	2500	2500	
合计			

图2-16

【实训 2-6-9】

新建“实训 2-6-9. doc”文件，制作 6 行 4 列表格如图 2-17 所示。

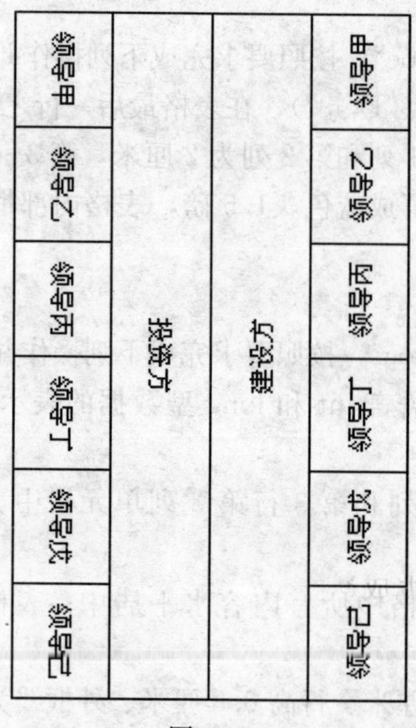

图 2-17

实训项目七　Word 高级应用

一、实训目的

（1）脚注、尾注、修订和批注。

（2）长文档的编辑技巧。

（3）邮件合并。

二、实训内容

【实训 2-7-1】

请参照“实训 2-7-1 样文 . doc”，对正文 . doc 按要求排版，保存为“实训 2-7-1. doc”。具体要求如下。

（1）样式：各级样式要求如下。

① 正文标题：宋体，小一。

② 标题 1：宋体，小四。行距为单倍行距，段前为 0.5 行，段后为 0.5 行。

③ 标题 2：宋体，五号。段前为 0 磅，段后为 0 磅，行距为 1.5 倍行距。

④ 标题 3：宋体，五号，加粗，首行缩进 2 字符，段前段后 0 磅，单倍行距。

⑤ 正文：宋体，五号。

（2）为文档制作目录。

（3）按素材要求为文档增加注释和脚注。

① 请根据素材中“英文学习中的注释”一节为文档增加注释效果。

② 请根据素材中“脚注和尾注”一节为文档增加脚注。

（4）按素材要求为文档增加页眉页脚。

① 第一页页眉为“Office 办公自动化高级应用实训”，以后各页页眉为“Word 的五个常用功能”。

② 页脚显示页号。

（5）插入图片，并调整图形。按素材要求完成 4 个案例。

【实训 2-7-2】

邮件合并。

要打印一批奖状，其内容大同小异，只有姓名、奖励称号不同，考生需要使用 Word 提供的相关功能自动生成奖状内容，如图 2-18 所示。相应素材见“实训 2-7-2”文件夹。提示，主文档的页面设置为自定义纸张大小，宽 22 厘米，高 16 厘米。文档背景设置为素材提供的“奖状图片 .jpg”。

图 2-18

第二部分　Word 综合实训

综合实训一

（1）在 Word 的“格式”工具栏中添加“上标” x^2，“下标” x_2 按钮，如图 2-19 所示。

图 2-19

方法：单击“格式”工具栏右侧的向下的箭头，移动到“添加或删除按钮”命令，自动出现下级子菜单，移动到“格式”命令，单击“上标”（或“下标”）命令，使其命令前出现勾，“上标”按钮就出现在格式工具栏的最后。去掉勾，就删除“上标”按钮。同理可添加或删除其他命令。

（2）在 Word 的插入菜单中添加“公式编辑器”菜单项。

方法：单击“视图”→“工具栏”→“自定义”命令，打开“自定义”对话框，单击“命令”标签，在类别中选择“插入”选项，在命令中找到“公式编辑器”命令，将它拖到“插入”菜单中的任一命令（如域）后放开鼠标。再次单击“插入”菜单，即可看到添加的“公式编辑器”菜单项。使用“公式编辑器”菜单项，在新建的文档中，输入以下公式：

① $a^2+b^2=c^2$

② $s(t)=\sum_{i=1}^{\infty}x_i^2(t)$

综合实训二

（1）绘制电子图章。外边框为正圆，无填充颜色，线条颜色为红色，线条粗细为 3 磅，大小为 4.2 厘米×4.2 厘米。

图 2-20

（2）绘制一个正五角星，填充颜色和线条颜色为红色，大小为 1 厘米×1 厘米。

（3）印章文字是艺术字，填充颜色为红色，无线条颜色，浮于文字上方，形状为细上弯弧，大小为 3 厘米×3 厘米。

（4）将印章文字复制一份，修改文字为印章编号，并将形状改为细下弯弧即可。

（5）将各个图形对象组合起来作为一个完整的电子图章，如图 2-20 所示，保存为“综合实训 2. doc”。

综合实训三

（1）新建文件，保存为“综合实训 3. doc”。首先将页面设置为横向。

（2）按样文输入聘书一文的内容及符号。

（3）设置字符格式：标题为隶书、120 号、阴影、繁体，并调整宽度；正文为宋体、一号；输入或插入日期。

（4）设置段落格式：首行缩进为 2 字符；文本对齐方式为标题居中，正文两端对齐，最后两行为右对齐。

（5）设置页面背景为纹理中的信纸。

（6）设置如图 2-21 所示的页面艺术边框。

（7）设置页面的红色隶书文字水印。

（8）删除页眉上的横线。

（9）将志愿者标志图片插入或复制到聘书一文中，设置为透明底色。

（10）将“综合实训二”中的电子图章放在聘书一文合适的位置，将显示比例调整为 50%，效果如图 2-21 所示。

图 2-21

综合实训四

请按图 2-22 所示设计一个封面，所用的文件见“综合实训 4”文件夹。

图 2-22

综合实训五

打开文档“综合实训 5. doc”，按照要求完成下列操作并保存文档。

(1) 将全文中的“好来户”改为“好莱坞”、“薇软”改为“微软”。

(2) 标题“中国人品评美国文化”设置为小二号楷体 _ GB2312、加粗、居中，正文部分的汉字设置为宋体，英文设置为 Tahoma 字体，字号为小四号。

(3) 将标题段的段后间距设置为 1 行。正文各段首行缩进 2 字符，段后间距设置为 0.5 行，左缩进 2 字符，右缩进 2.5 字符。

综合实训六

打开文档“综合实训 6. doc”，按照要求完成下列操作并保存文档。

(1) 将文中所有“煤体”替换为“媒体”；将标题段“多媒体系统的特征”设置为二号、蓝色空心、楷体 _ GB2312、居中。

(2) 将正文第 3 段文字“数字化特征是指各种……模拟信号方式。”移至第 4 段文字“交互性是指……功能进行控制。”之后合为一段。

(3) 将正文各段文字“多媒体电脑……模拟信号方式。”设置为小四号宋体；各段落左右各缩进 3 字符、段前间距 1.5 行。

(4) 将正文第一段“多媒体电脑……和数字化特征。”首字下沉三行，距正文 0.3 厘米；正文后二段添加项目符号◆，以原文件名保存文档。

综合实训七

打开文档“综合实训 7. doc”，按照要求完成下列操作并保存文档。

(1) 将文中所有错词“摹拟”替换为“模拟”；将标题段“模/数转换”设置为三号、红色、空心、黑体、居中、字符间距加宽 2 磅。

(2) 将正文各段文字“在工业控制……采样和量化。”设置为小四号仿宋_GB2312；各段落悬挂缩进 1.5 字符、段前间距 0.5 行。

(3) 将文档页面的纸型设置为 16 开（18.4 厘米×26 厘米）、左右边距各为 3 厘米。

(4) 页面中添加页眉、并在页眉中以右对齐方式添加页码；以原文件名保存文档。

综合实训八

打开文档“综合实训 8. doc”，按照要求完成下列操作并保存文档。

(1) 将文中所有“最低生活保障标准”替换为“低保标准”；将标题段设置为三号、楷体_GB2312、居中、字符间距加宽 3 磅，并对文字添加鲜绿色阴影边框。

(2) 将正文各段文字“本报讯……从 2001 年 7 月 1 日起执行。”设置为小五号、宋体；各段落左右各缩进 2 字符、首行缩进 2 字符、段前间距 1 行；正文中“本报讯”和“又讯”二词设置为小五号，黑体。

(3) 将正文第三段“又讯……从 2001 年 7 月 1 日起执行。”分为等宽的两栏、栏间距为 2 字符、栏间加分隔线；以原文件名保存文档。

综合实训九

打开文档“综合实训 9. doc”，按照要求完成下列操作并保存文档。

(1) 将标题段“过采样技术”文字设置为二号、红色、阴影、黑体、加粗、居中。

(2) 将正文各段落“数据采集技术……工作的基础。”中的中文文字设置为五号、宋体，西文文字设置为五号、Arial 字体。

(3) 各段落首行缩进 2 字符；将正文第 3 段“若……工作的基础。”中出现的所有 fc 和 fs 中的 c 和 s 设置为下标形式。

(4) 在页面底端（页脚）居中位置插入页码，并设置起始页码为Ⅲ。

(5) 将文中后 4 行文字转换为一个 4 行 2 列的表格。设置表格居中，表格第 1 列列宽为 2.5 厘米，第 2 列列宽为 7.5 厘米、行高为 0.7 厘米，表格中所有文字中部居中。

(6) 将表格第 1、2 行的第 1 列，第 3、4 行的第 1 列分别进行单元格合并；设置表格所有框线为 1 磅蓝色单实线。

综合实训十

打开文档“综合实训 10. doc”，按照要求完成下列操作并保存文档。

(1) 将文中所有错词“严肃”替换为“压缩”。

(2) 将标题段落“WinImp 压缩工具简介”设置为小三号、宋体、居中，并添加文字蓝色阴影边框。

(3) 正文“特点……如表一所示”各段落中的所有中文文字为宋体、英文文字为 Arial 字体；各段落悬挂缩进 2 字符，段前间距 0.5 行；

(4) 将文中最后 3 行统计数字转换成一个 3 行 4 列的表格，表格形式采用自动套用格式中的“简明型 1”。

(5) 设置表格居中、表格列宽为 3 厘米、表格所有内容水平居中、并设置表格底纹为 25%灰色；表格标题居中；以原文件名保存文档。

综合实训十一

打开文档“综合实训 11. doc”，按照要求完成下列操作并保存文档。

(1) 插入页眉，并输入页眉内容“心理声学基础知识”。

(2) 将标题段文字“声音听觉理论”设置为三号仿宋 _ GB2312、阳文。

(3) 将正文各段文字“由于人耳……基础。”设置为首行缩进 2 字符，行距为 1.2 倍行距。

(4) 将文中最后 7 行文字转换成一个 7 行 3 列的表格，设置表格居中，表格中所有文字中部居中。按“名称”列，以“笔画”为排序依据升序排列表格内容。设置表格第一列宽 2 厘米，第 2、3 到宽 4 厘米。

综合实训十二

打开文档“综合实训 12. doc”，按照要求完成下列操作并保存文档。

(1) 在“外汇牌价”一词后插入脚注“据中国银行提供的数据”，标题居中。

(2) 将文中后 6 行文字转换为一个 6 行 4 列的表格，表格居中；按“卖出价”列降序排列表格内容。

(3) 设置表格列宽为 2.5 厘米、表格线宽为 1.5 磅蓝色单实线。

(4) 表格中所有文字设置为小五号宋体，表格第 1 行文字水平居中，其余各行文字中第 1 列文字两端对齐，其余列文字右对齐。

综合实训十三

打开文档“综合实训 13. doc”，按照要求完成下列操作并保存文档。

(1) 将文中“最优前五项”与“最差五项”之间的 6 行和“最差五项”后面的 6 行文字分别转换为两个 6 行 3 列的表格。

(2) 设置表格居中，表格中所有文字中部居中。

（3）将表格各标题段文字“最优前五项”与“最差五项”设置为四号蓝色空心黑体、居中，红色边框、黄色底纹；设置表格所有框线为1.5磅蓝色单实线。

（4）设置页眉为“学生满意度调查报告”，字体为小五号宋体。

（5）利用段落的段前分页功能，将最后一段“从单项条目上来看……教师的工作量普遍偏大。”放在第二页，且把此段出现的“排在前五位”和“最差五项”文字加下划线（单实线）。

（6）将最后一段“从单项条目上来看……教师的工作量普遍偏大。”分成3栏，栏宽相等，栏间加分隔线。

综合实训十四

打开文档“综合实训15.doc”，按照要求完成下列操作并保存文档。

（1）将标题段（“人民币汇率创新高”）文字设置为二号、空心、黑体、加粗、倾斜，并添加红色双波浪线方框。

（2）将正文第一段“人行加息消息……较上日收市升89点。”设置为悬挂缩进2字符，段后间距0.3行。

（3）为正文第二段、第三段“外汇交易员指出……进一步扩大。”添加项目符号●；将正文第四段“目前的……提高其不确定性。”分为带分隔线的等宽两栏，栏间距为3字符。

（4）将文中后7行文字转换为一个7行3列的表格，设置表格居中、表格列宽为2.8厘米、行高为0.6厘米，表格中所有文字中部居中。

（5）设置表格所有框线为1.5磅蓝色单实线；为表格第一行添加50%灰色底纹；按“货币名称”列根据“拼音”升序排列表格内容。

综合实训十五

请用Word对“综合实训15.doc”文档中的文字进行编辑、排版和保存，具体要求如下：

（1）将标题段“排序的基本概念”文字设置为三号、仿宋_GB2312、红色、阴文、加粗、居中并添加蓝色底纹。

（2）将正文各段落“排序（Sorting）是……归并排序、分配排序。”中的西文文字设置为小四号Bookman Old Style字体、中文文字设置为小四号、仿宋_GB2312；各段落首行缩进2字符、段前间距为0.5行。

（3）设置正文第二段“有序表与无序表：……归并排序、分配排序。”的行距为1.3倍，首字下沉2行；在页面底端（页脚）居中位置插入页码（首页显示页码）。

（4）将文中后6行文字转换成一个6行6列的表格，设置表格居中，表格每列列宽为2厘米；设置表格所有框线为1磅蓝色单实线。

（5）排序依据“成绩”列（主要关键字）、“数字”类型降序，然后依据“性别”列（次要关键字）、“拼音”类型降序对记录表进行排序。

综合实训十六

参照文件“综合实训 16. jpg”，使用 Word 绘制该表格。

综合实训十七

参照图片“综合实训 17. jpg”，使用 Word 制作“奥运梦餐吧订座卡”。

综合实训十八

请参照“成绩通知单 . pdf”，利用 Word 邮件合并功能，制作每位学生的成绩通知单。如果有不及格的科目，要显示相应科目的补考时间与地点信息。补考时间和地点信息请见“补考时间与地点 . txt”。

综合实训十九

请参照样文“综合实训 19 样文 . doc”，利用给定的素材，完成下列操作任务，并将制作好的文档保存为“综合实训 19. doc”。素材见“综合实训 19”的文件夹，文件有：三个常用的图片功能介绍 . doc、索引词 . txt、图 5. jpg、图 7-1. jpg、图 7-2. jpg、图 7-3. jpg、office. jpg。

(1) 设置各级标题的样式格式，要求如下。

① 标题 1：中文字符为黑体，英文字母为 Arial、小初、加粗，段前 0 行，段后 0 行，单倍行距。

② 标题 2：小二号黑体，加粗，段前 1 行，段后 0.5 行，1.2 倍行距。

③ 标题 3：三号宋体，段前 1 行，段后 0.5 行，1.73 倍行距。

④ 标题 4：四号黑体，段前 7.8 磅，段后 0.5 行，1.57 倍行距。

⑤ 正文：中文字符与标点符号宋体，英文字母为 Times New Roman、小四，首行缩进 2 字符，段前 7.8 磅，段后 0.5 行，1.2 倍行距。

(2) 第 1 页为封面页，插入艺术字“Word 2003 综合实训操作题”，首页不显示页码。

(3) 第 2 页为子封面页，插入样式为标题 1 的标题“Windows Vista Ultimate 三个常用的图片功能介绍”，该页不显示页码。

(4) 第 3、4 页为目录页，插入自动生成的目录和图表目录，页码格式为罗马数字格式Ⅰ、Ⅱ。

(5)“Windows Vista Ultimate 三个常用的图片功能介绍”的正文内容起于第 1 页，结束于第 10 页，第 10 页为封底。

① 为文档添加可自动编号的多级标题，多级标题的样式类型设置如下：

1　　标题 2 样式

1.1　　标题 3 样式

1.1.1　标题 4 样式

② 插入页眉“Windows Vista Ultimate 三个常用的图片功能介绍”，页脚为页码，

页码格式为 1、2、3、…。

③ 为正文部分的第 1 页和第 4 页添加脚注，并参考样文添加相应的项目符号和编号。

④ 将表格 1 和表格 2 中的文字字号设置为五号，所在页面方向设置为横向，并且页边距设置为上下页边距 1.5 厘米，左右页边距 2 厘米，然后参照样文对表格进行边框与底纹的美化。

⑤ 请利用给定的素材图片“图 5.jpg”，在正文部分第 4 页插入图片并进行调整，实现样文中的显示效果。

⑥ 请利用给定的素材图片“图 7-1.jpg”、“图 7-2.jpg”、“图 7-3.jpg”，在正文部分第 8 页插入图片并进行设置，实现样文中的显示效果。

⑦ 在正文部分第 9 页插入自动生成的索引，索引词请见“索引词.txt”。

⑧ 利用图片素材 office.jpg 制作封底，封底不显示页眉页脚。

第三部分 Word 创新实训

创新实训一

插入剪贴画胶片，剪掉后，选择性粘贴为图片（Windows 图元文件），分解图片后，分别设置填充颜色为相应的图片，最后组合即可。样文和图片见“创新实训 1”的文件夹。效果如图 2-23 所示。

图 2-23

创新实训二

请参照“创新实训 2”文件夹中的“创新实训样文 2.doc”，利用给定的素材“素材.doc”，完成下列操作，并将制作好的文档命名为“创新实训 2.doc”，保存到指定的文件夹中。

(1) 对“素材.doc”文档，设置如下格式。

① 文档的章标题：标题 1 的样式为宋体、二号、加粗，段前 1.5 行，段后 1.5 行，单倍行距，水平居中对齐；

② 节标题（如 4.1）：标题 2 的样式为黑体、小二号、加粗，段前 0.5 行，段后 0.5 行，2 倍行距；

③ 小节标题（如 4.1.1）：标题 3 的样式为黑体、小三号、加粗，段前 20 磅，段后

20 磅，15 磅行距；

④ 正文：正文的格式为宋体、小四号，段前 0 行，段后 0 行，1.3 倍行距，首行缩进 2 字符。

（2）全文采用自定义 32cm×23cm 纸张，横向用纸；并将全文分两栏，栏间距为 3 个字符。

（3）在文档最前面插入一页封面页，内容及格式如“创新实训 2 样文 . doc”所示。其中“作者:”后面填写学号，日期是插入的日期域。

（4）在素材第 1 页指定位置插入如“创新实训 2 样文 . doc”正文第 1 页所示的表格：依据给定的素材文件“职工信息 . mdb”数据库内容，在 Word 中通过插入数据库功能直接转换为 Word 表格，并按“创新实训 2 样文 . doc”中相应格式进行格式化设计。

（5）在素材第 1 页中插入的表格上方制作“Excel 的数据清单样例表”的双色艺术字，效果如“创新实训 2 样文 . doc”所示。

（6）在素材第 2 页中指定图 4.1 位置插入提供的素材“图 1. jpg”，并按“创新实训 2 样文 . doc”格式进行设置。

（7）在素材第 6 页中指定图 4.7 位置插入如“创新实训 2 样文 . doc”所示的 Excel 2003 软件中“自定义页眉”对话框截图，并进行相应的格式化设置。

（8）生成目录。

① 如“创新实训 2 样文 . doc”所示，在相应位置自动生成文档目录，其中目录格式要求：一级宋体、四号字，加粗；二级宋体、小四号，加粗；三级宋体、小四号；行间距为 1.5 倍。

② 如样文所示，在相应位置自动生成图表目录，要求：宋体、小四，行间距为 1.5 倍。

（9）为文档插入页眉和页脚，其中页眉、页脚的具体内容和格式如样文所示。

（10）在文档最后插入一页，内容及格式如样文所示。

创新实训三

（1）制作上下折叠的寿贴或左右折叠的寿贴。具体见样文。

（2）新建一个文档，单击“文件”→“页面设置”命令，纸张选择 B5，页边距上下为 3 厘米，左右为 1.5 厘米，方向为横向。然后选择“格式”→“分栏”命令，分为等宽的 2 栏，间距设为 3 厘米。这样就可以制作左右折叠的寿贴了。

（3）另建一个文档，进入页面设置，纸张选择 B5，在页边距选项卡中的“页码范围”下选择拼页，再设置页边距外侧内侧为 1.5 厘米，左右为 3 厘米。这样就可以制作上下折叠的寿贴了。

（4）新建一个文档，输入“寿”字，设置为华文彩云、460 号、金色、深红色底纹。选择“寿”字，复制鼠标定位到上下折叠的寿贴的上方或左右折叠的寿贴的左方，选择“编辑”→“选择性粘贴”命令，选择图片（Windows 图元文件），调整图片的大小，显示出整个“寿”字。在图片的最后按 Enter 键，使上下折叠的寿贴进入下一页，使左右折叠的寿贴进入第二栏。

（5）新建一个文档，画一个 1 行 4 列的表格，选中表格，选择“格式”→“文字方向”命令，选择中间的竖排格式。然后在表格中录入相应的内容。设置字体为隶书、二号、金色。设置表格的框线为浅橙色、3 磅，只要左侧和中间的竖线，表格的底纹为深红色。选择整个表格，复制后直接粘贴到上下折叠的寿贴的下方或左右折叠的寿贴的右方。

(6) 设置背景图片，图片自己从网上下载。

(7) 将显示比例调整为 75%，查看整体效果。

创新实训四

(1) 制作模板文件。见“创新实训 4”文件夹中的样文。

(2) 按样文输入内容。标题前后各有一个空行。插入样文所示的具有自动更新的日期格式。

(3) 将标题文字“××××学校文件”及前一行，设置为宋体、62 磅、红色、加粗、居中、字符缩放为 66%。

(4) 将文字“××学校任字〔2010〕56 号”及前一行设置为二号、宋体加粗、红色、行距为固定值 41 磅；并在下面设置 1.5 磅的红色实线。

(5) 将文字“关于×××同志的聘任通知”设置为二号、加粗，前后各空一行。

(6) 其他内容为仿宋 _ GB2312，三号、加粗、黑色。插入自动更新的日期。正文首行缩进 2 字符。设置相应的对齐方式。保存为“创新实训 4. doc”。

(7) 将文字“××学校任字〔2010〕56 号”中的 2010 删除，插入自动更新的日期和时间，选择中文（中国）的第一个日期格式，并删除月日，只保留年。右击，在弹出的快捷菜单中选择“切换域代码”命令，将其中的代码直接录入或修改为 {DATE"\@YYYY"}，再次切换域代码，显示具体的年为 2010。

(8) 调出窗体工具栏，选中标题文字，画出文字型窗体域，然后右击设置其属性为“标题”。同理，选中姓名，画出文字型窗体域，然后右击设置其属性为“姓名”。选中职位，画出文字型窗体域，然后右击设置其属性为“聘任职位”。最后另存为模板文件“创新实训 4 模板 . dot”（即保存类型处选择“文档模板（ *. dot)”）。

创新实训五

利用 Word，制作“个人信息登记电子表单 . doc”。要求：根据“电子表单结果样例 . jpg”图中表格的内容及形式制作“个人信息登记电子表单”的 Word 表格，再按照上述制作的“电子表单数据属性说明 . xls”中提供的数据类型、数据长度、数据下拉选项内容等设定表单中每个数据项，完成电子表单的制作。使得用户在文字型数据区域依据已设定的长度输入内容，下拉型数据区域直接选择下拉列表中的相应选项，日期型数据按照给定的默认日期样式更改日期，数据区域的输入可直接更改数据等，结果如“电子表单结果样例”所示。

创新实训六

使用所给的图片或从网上下载的有关 2010 上海世博会的图片制作图片折页手册。至少制作 6 页。样文见“创新实训 6 世博会”文件夹中的图片折页手册。

创新实训七

根据“创新实训 7 世界杯”文件夹中的相关图片，制作自己喜欢的某年的图片年历。年历模板可从网上下载。

创新实训八

假定已存在 1 个标题和 4 个段落的文本以及 1 个表格。内容围绕一个主题自定（可来自于网络或其他文件）。完成以下操作：

将整个文档的纸张设置成 16 开大小，纵向放置，左右页边距分别为 2.5 厘米和 2 厘米。将标题设置为隶书、三号字、青色，并带有阴影，居中，字间距为加宽 5 磅，段后间距 1 行。对 4 个段落的正文设置首行缩进 2 个字符，1.5 倍行距。将文档中某个词语（自定）用查找替换的方式替换为其英文并用蓝色表示。对文档的 2、3 段分 2 栏。插入一幅与主题相关的来自文件的图，放在文中合适的地方，各选项自定。以标题文字设置文字水印。为文档设置页眉和页脚，页眉文字为文章标题，页脚为页码。设置表格的外边框为双线，颜色自选，每行的行高均为 1 厘米。并对表格中的某一数值型数据进行由高到低的排序。最后形成的文件要求整体效果好。保存为“创新实训 8. doc”。

创新实训九

从网上下载一篇文章及相应素材，借鉴学过的 Word 2003 的知识，使用 Word 2007 对文章进行编辑、格式化，插入图片，设置水印、页眉和页脚等等，形成一篇集内容、外观于一体的文章。将制作过程写出来形成另一个 Word 文件。最后交作品和制作过程 2 个 Word 2007 文件。

创新实训十

从网上下载一篇文章及相应素材，借鉴学过的 Word 2003 的知识，使用 Word 2010 对文章进行编辑、格式化，插入图片，设置水印、页眉和页脚等等，形成一篇集内容、外观于一体的文章。将制作过程写出来形成另一个 Word 文件。交作品和制作过程 2 个 Word 2010 文件。

创新实训十一

为了支持国产软件和扩大同学们的知识面，要求从网上下载一篇文章及相应素材，借鉴学过的 Word 2003 的知识，使用 WPS 对文章进行编辑、格式化，插入图片，设置水印、页眉和页脚等，形成一篇集内容、外观于一体的文章。将制作过程写出来形成另一个 WPS 文件。交作品和制作过程 2 个 WPS 文件。

第三章　Excel 2003 实训练习

第一部分　基 础 部 分

实训项目一　数据输入与文件操作

一、实训目的

（1）数据的输入。

（2）文件的新建、保存、打开、另存为。

二、实训内容（在 A1 文件夹中操作）

【实训 3-1-1】

启动 Excel 软件，新建空白工作簿 A3-1-1. xls，输入“学号”、“姓名”、“性别”、“出生日期”、“计算机”、“英语”，如图 3-1 所示。

	A	B	C	D	E	F
1	学号	姓名	性别	出生日期	计算机	英语
2	2009010101	张晓莉	女	1991-12-10	76	57
3	2009010102	王小兵	男	1991-12-11	86	97
4	2009010103	李晓蓉	女	1991-12-12	56	95
5	2009010104	赵斌	男	1991-12-13	89	67
6	2009010105	刘江涛	女	1992-11-10	87	58

图 3-1

注意事项：

（1）实训知识点：各种类型数据的输入。

（2）操作提示：注意使用 Tab 键或回车键（Enter）或方向键移动光标。

（3）操作技巧：设置按 Enter 键后移动方向。

（4）学号的输入技巧：选定前两个学号，再拖动自动填充柄或按 Ctrl＋拖动第一个自动填充柄。

（5）如何关闭与打开工具栏。练习关闭“格式”工具栏，然后将之打开。

【实训 3-1-2】

打开 A3-1-2. xls 文件，并将文件备份为 A2010. xls，存盘的位置在 D 盘根目录下。

注意事项：

实训知识点：选择“文件”→“另存为”命令，文件保存的位置选择。

【实训 3-1-3】

打开 A3-1-3. xls 文件，将文件另存为文本文件 X3-1-3. txt。

注意事项：

实训知识点：将 Excel 文件保存为文本文件。

【实训 3-1-4】

启动 Excel，打开 X3-1-4. txt 文本文件，并另存为“成绩表 . xls”。

注意事项：

实训知识点：如何打开非 Excel 文件。

实训项目二 数据的基本操作

一、实训目的

（1）单元格数据的修改。

（2）插入批注，修改批注，删除批注。

（3）清除（对象包括全部、内容、格式）。

（4）数据有效性。

（5）行、列的插入与删除。

（6）数据的复制、移动、粘贴。

二、实训内容（在 A2 文件夹中操作）

【实训 3-2-1】

（1）打开 A3-2-1. xls 文件，将刘兵的身份证号改为 510100199112288765。

（2）将刘兵的计算机成绩改为 90。

注意事项：

（1）数据中的部分修改。方法一：双击后在编辑状态下修改。方法二：在编辑栏修改。

（2）全部修改，选中后直接输入新内容。

【实训 3-2-2】

（1）打开 A3-2-2. xls 文件（图 3-2），在 B1 单元格插入批注：对身份证号的输入进行批注说明，要求输入批注内容为“方法一，首先将单元格数字设置为文本型”。

（2）修改 B3 单元格的批注：增加批注内容为“方法二，输入身份证号之前，首先输入单引号”。

（3）删除 D1 单元格的批注。

	A	B	C	D
1	姓名	身份证号	计算机	英语
2	张晓莉	510100199112108765	76	57
3	李兵兵	510100199112116543	86	97
4	王勇强	510100199112128765	56	95
5	刘兵	510100199112138765	89	67
6	李小双	510100199211108765	87	58
7	张小玲	510100199211118765	98	96
8	王晓燕	510100199211128765	65	78
9	李小华	510100199110108765	56	45
10	张林林	510100199012128765	87	76

图 3-2

注意事项：

（1）插入批注：方法一，可选择“插入”→“批注”命令；方法二，右击在弹出的快捷菜单中选择“插入批注”命令。

（2）修改批注：右击在弹出的快捷菜单中选择“编辑批注”命令后可进行批注修改。

（3）删除批注：右击在弹出的快捷菜单中选择“删除批注”命令；也可以选择“编辑”→“清除”→“批注”命令。

【实训 3-2-3】

（1）打开 A3-2-3. xls 文件，清除 B4 单元格的全部。

（2）对 B7 单元格进行：清除内容，然后再输入数据，看看有什么变化？

（3）对 B9 单元格进行：清除格式，看看有什么变化？

注意事项：

知识点：选择“编辑”→“清除”命令。

【实训 3-2-4】

（1）打开 A3-2-4. xls 文件，对输入计算机成绩进行限制：只能输入 0～100 的数据，并要求输入 160 进行验证。

（2）在性别前插入学院，利用数据的有效性设置，输入学院时，从“计算机学院”、“文学院”、“外语学院”中选择学院。

注意事项：

先选定范围，然后选择“数据”→“有效性”命令。

（1）“允许”→整数；“数据”→介于；“最小值”→0；“最大值”→100；如图 3-3 所示。

（2）“允许”→序列；“来源”→计算机学院，外语学院，文学院；如图 3-4 所示，请注意各学院之间的逗号使用英文标点符号。

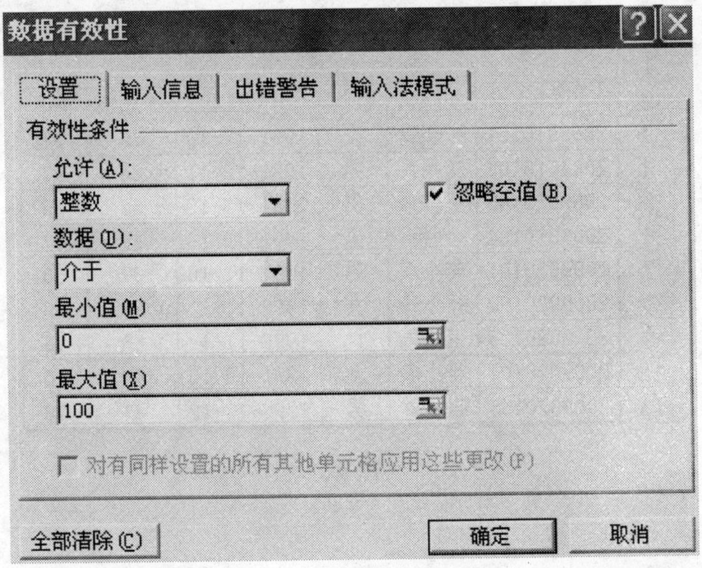

图 3-3

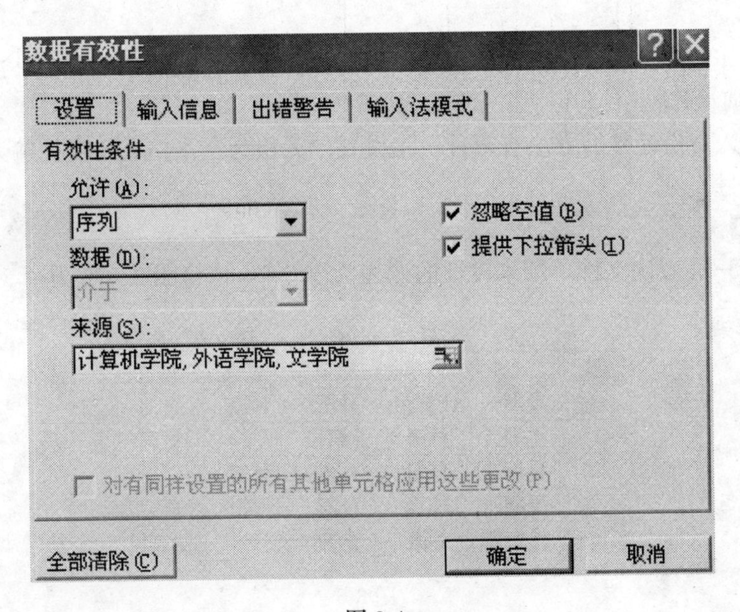

图 3-4

【实训 3-2-5】

（1）打开 A3-2-5. xls 文件，如图 3-5 所示，在性别前插入一列：身份证号，并输入数据；出生日期后增加一列：学院，并输入学院。

（2）将李小华这一行数据移动到刘兵之前。

	A	B	C	D	E	F
1	一班成绩表					
2	学号	姓名	性别	出生日期	计算机	英语
3	2009010101	张晓莉	女	1991-12-10	76	57
4	2009010102	李兵兵	男	1991-12-11	86	97
5	2009010103	王勇强	男	1991-12-12	56	95
6	2009010104	刘兵	男	1991-12-13	89	67
7	2009020101	李小双	男	1992-11-10	87	58
8	2009020102	张小玲	女	1992-11-11	98	96
9	2009020103	王晓燕	女	1992-11-12	65	78
10	2009020104	李小华	女	1991-10-10	56	45
11	2009020105	张林林	男	1990-12-12	87	76

图 3-5

注意事项：

(1) 实训知识点：行（列）的插入与删除，行（列）的选择。

(2) 操作提示：单击行标题或列标题，选择该行或该列，拖动时可选择多行或多列。

(3) 操作技巧：若一次插入 3 行或 3 列，如何操作比较简单？若要一次删除 3 行或 3 列，又如何操作？

(4) 输入身份证号的方法有两种：①设置单元格为文本格式；②先输入单引号，再输入身份证号。

【实训 3-2-6】

打开 A3-2-6. xls 文件，原来设计的课表为图 3-6，请将图 3-6 变为图 3-7。

	A	B	C	D	E
1		12节	34节	56节	78节
2	星期一	计算机	外语	体育	自习
3	星期二	外语	计算机		自习
4	星期三	自习	外语	体育	
5	星期四	体育	外语	计算机	自习
6	星期五	外语	自习		计算机

图 3-6

	A	B	C	D	E	F
1		星期一	星期二	星期三	星期四	星期五
2	12节	计算机	外语	自习	体育	外语
3	34节	外语	计算机	外语	外语	自习
4	56节	体育		体育	计算机	
5	78节	自习	自习		自习	计算机

图 3-7

实训项目三　工作表的操作

一、实训目的

（1）设置默认工作表的数量。

（2）工作表的复制、移动、重命名。

（3）工作表的插入与删除。

二、实训内容（在 A3 文件夹中操作）

【实训 3-3-1】

打开 A3-3-1. xls 文件，要求如下：

（1）插入三张工作表，并将表标签名分别改为“二班”，“三班”，“四班”。

（2）将“一班”、“三班”工作表标签分别设置红色、蓝色。

（3）将“三班”更名为“3 班成绩表”。效果如下：

一班　二班　3班成绩表　四班

（4）将最近使用的文件列表数设置为 6。

（5）将新工作簿内的工作表数设置为 6。

注意事项：

（1）在工作表标签上右击，在弹出的快捷菜单中选择“插入”→“删除”→“重命名”→“工作表标签颜色”命令。

（2）最近使用的文件列表数/新工作簿内的工作表数设置方法：选择“工具”→“选项”→“常规”命令，分别将“最近使用的文件列表”改为 6，“新工作簿内的工作表数”改为 6，如图 3-8 所示。

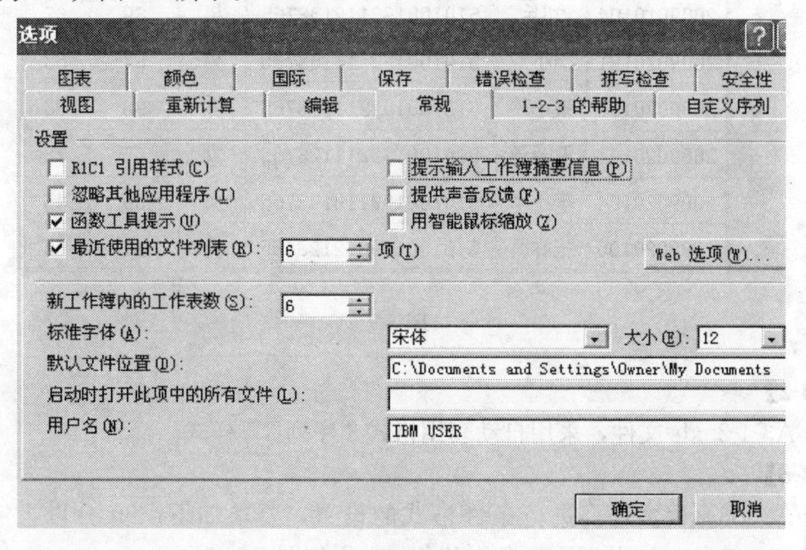

图 3-8

实训项目四　数据格式化

一、实训目的

（1）设置单元格的格式。

（2）自动套用格式。

（3）条件格式的设置。

二、实训内容（在 A4 文件夹中操作）

【实训 3-4-1】

打开 A3-4-1. xls 文件，进行以下设置。

（1）在表的最前面插入一行，输入“学生成绩表”，并设置合并居中，红色、三号、黑体、加粗，黄色底纹，如图 3-9 所示。

（2）将所有数据设置为：水平居中，垂直居中。

（3）将表格加上边框，外框为红色双实线，内部为蓝色单虚线。

（4）将表格设置为：行高 20。

	A	B	C	D	E	F
1	学生成绩表					
2	学号	姓名	身份证号	性别	计算机	英语
3	2009010101	张晓莉	510100199112108765	女	76	57
4	2009010102	李兵兵	510100199112116543	男	86	97
5	2009010103	王勇强	510100199112128765	男	56	95
6	2009010104	刘兵	510100199112138765	男	89	67
7	2009020101	李小双	510100199211108765	男	87	58
8	2009020102	张小玲	510100199211118765	女	98	96
9	2009020103	王晓燕	510100199211128765	女	65	78
10	2009020104	李小华	510100199110108765	女	56	45
11	2009020105	张林林	510100199012128765	男	87	76

图 3-9

【实训 3-4-2】

打开 A3-4-2. xls 文件，采用自动套用格式“序列 2”样式。

【实训 3-4-3】

打开 A3-4-3. xls 文件，进行条件格式的设置，要求如下：90 分以上字为红色，60～90 分字为蓝色，60 分以下底色为黄色，效果如图 3-10 所示。

	A	B	C	D	E
1	一班成绩表				
2	学号	姓名	学院	计算机	英语
3	2009010101	张晓莉	文学院	76	57
4	2009010102	李兵兵	文学院	86	97
5	2009010103	王勇强	文学院	56	95
6	2009010104	刘兵	文学院	89	67
7	2009020101	李小双	文学院	87	58
8	2009020102	张小玲	法学院	98	96
9	2009020103	王晓燕	法学院	65	78
10	2009020104	李小华	法学院	56	45
11	2009020105	张林林	法学院	87	76

图 3-10

实训项目五　公式的使用

一、实训目的

公式的使用。

二、实训内容（在 A5 文件夹中操作）

【实训 3-5-1】

打开 A3-5-1. xls 文件，如图 3-11 所示，计算总金额，并输入进货日期与入库时间。

	A	B	C	D	E	F
1	品名	数量	单价(元)	总金额(元)	进货日期	入库时间
2	钢笔	76	3.0			
3	铅笔	120	1.2			
4	笔记本	300	2.0			
5	饮料	120	3.0			

图 3-11

注意事项：

（1）实训知识点：公式的输入以＝或＋开头。

（2）操作提示：利用自动填充柄进行快速计算，拖动自动填充柄或双击自动填充柄。

（3）操作技巧：输入当天的日期的按 Ctrl＋；快捷键、输入当前的时间按 Ctrl＋Shift＋；快捷链。

【实训 3-5-2】

打开文件 A3-5-2. xls，如图 3-12 所示，利用给定的数据，计算每位同学的学期学习平均成绩，并排出名次。平均成绩的计算公式为$\frac{\sum（课程百分制成绩\times课程学分）}{\sum课程学分}$。

	A	B	C	D	E	F	G	H	I	J	K
1	学号	姓名	性别	计算机	计算机学分	外语	外语学分	数学	数学学分	平均成绩	名次
2	2009010101	X1	男	67	4	72	8	86	4		
3	2009010102	X2	女	76	4	74	8	88	4		
4	2009010103	X3	男	85	4	76	8	97	4		
5	2009010104	X4	女	94	4	78	8	94	4		

图 3-12

注意事项：

实训知识点：相对地址使用。

【实训 3-5-3】

混合地址的使用。

打开 A3-5-3. xls 文件，如图 3-13 所示，利用给定的部分，拖动自动填充柄，制作九九表，效果如图 3-14 所示。

	A	B	C	D	E	F	G	H	I	J
1		1	2	3	4	5	6	7	8	9
2	1									
3	2									
4	3									
5	4									
6	5									
7	6									
8	7									
9	8									
10	9									

图 3-13

	A	B	C	D	E	F	G	H	I	J
1		1	2	3	4	5	6	7	8	9
2	1	1								
3	2	2	4							
4	3	3	6	9						
5	4	4	8	12	16					
6	5	5	10	15	20	25				
7	6	6	12	18	24	30	36			
8	7	7	14	21	28	35	42	49		
9	8	8	16	24	32	40	48	56	64	
10	9	9	18	27	36	45	54	63	72	81

图 3-14

注意事项：

实训知识点：混合地址。

【实训 3-5-4】

打开 A3-5-4. xls 文件，如图 3-15 所示，利用给定的数据，计算各年级所占的比例，如图 3-16 所示。

	A	B	C
1	四川师范大学		
2	年级	招生人数	所占比例
3	2003	4000	
4	2004	4200	
5	2005	4500	
6	2006	3900	
7	总人数		

图 3-15

	A	B	C
1	四川师范大学		
2	年级	招生人数	所占比例
3	2003	4000	24.1%
4	2004	4200	25.3%
5	2005	4500	27.1%
6	2006	3900	23.5%
7	总人数	16600	

图 3-16

注意事项：

实训知识点：绝对地址、相对地址的引用。

实训项目六　函数及应用

一、实训目的

函数的使用。

二、实训内容（在 A6 文件夹中操作）

【实训 3-6-1】

SUM ()、AVERAGE ()、MAX ()、MIN ()、COUNTIF () 等函数的使用。

(1) 打开 A3-6-1. xls 文件，如图 3-17 所示，计算每位同学的平均分、总分，平均分保留一位小数。要求分别用三种方法计算三张表中的平均分与总分。

(2) 计算每科成绩的最高分、最低分、平均分、90 分及以上人数、80～90 分的人数，如图 3-18 所示。

(3) 最前面增加一行，要求合并居中，并输入“一班成绩表”。

注意事项：

(1) 先选定 H2 单元格，[Σ ▾]→“平均值”。选定范围，确定即可，若自动选取的范围是错的，重新选定范围即可。其余 H3：H10 通过拖动自动填充柄进行计算。求总分、最高分、最低分方法完全类似。

(2) 函数的使用可通过多种方式，第一种：[Σ ▾]；第二种：选择“插入”→“函数”命令；第三种为编辑栏的 [fx]；第四种：自己输入函数。

(3) 计算 90 分及以上人数，先选定 F14 单元格，可通过函数或输入＝countif (F2：F10,″>=90″) 进行计算，80～90 分的人数，通过函数或输入＝countif (F2：F10,″>=

	A	B	C	D	E	F	G	H	I
1	学号	姓名	性别	出生日期	学院	计算机	英语	平均	总分
2	2009010101	张晓莉	女	1991-12-10	文学院	76	57		
3	2009010102	李兵兵	男	1991-12-11	文学院	86	97		
4	2009010103	王勇强	男	1991-12-12	文学院	56	95		
5	2009010104	刘兵	男	1991-12-13	文学院	89	67		
6	2009020101	李小双	男	1992-11-10	文学院	87	58		
7	2009020102	张小玲	女	1992-11-11	法学院	98	96		
8	2009020103	王晓燕	女	1992-11-12	法学院	65	78		
9	2009020104	李小华	女	1991-10-10	法学院	56	45		
10	2009020105	张林林	男	1990-12-12	法学院	87	76		
11	最高分								
12	最低分								
13	平均分								
14	各科成绩90分及以上的人数								
15	各科成绩80~90分的人数								

方法一 / 方法二 / 方法三 / 答案

图 3-17

10	2009020104	李小华	女	1991-10-10	法学院	56	45	50.5	101
11	2009020105	张林林	男	1990-12-12	法学院	87	76	81.5	163
12	每科成绩的最高分					98	97		
13	每科成绩的最低分					56	45		
14	每科成绩的平均分					77.8	74.3		
15	各科成绩90分及以上的人数					1	3		
16	各科成绩80~90分的人数					4	0		

方法一 / 方法二 / 方法三 / 答案

图 3-18

80″）－countif（F2：F10,″>=90″）进行计算。类似可计算英语成绩的人数。

【实训 3-6-2】

RANK（）函数的使用。

打开 A3-6-2. xls 文件，如图 3-19 所示，计算总成绩，总成绩的计算方法为金牌每个 6 分，银牌每个 4 分，铜牌每个 2 分；按总分由高到低排出名次。

注意事项：

（1）实训知识点：公式的输入以＝或＋开头、函数 RANK（）计算名次。

（2）操作提示：利用自动填充柄进行快速计算。

【实训 3-6-3】

SUMIF（）函数的使用。

打开 A3-6-3. xls 文件，如图 3-20 所示，统计毕业生去向人数、所占比例。

	A	B	C	D	E	F
1	四川师范大学运动会成绩表					
2	学院	金牌	银牌	铜牌	总成绩	名次
3	计算机	10	14	10		
4	文学院	15	10	12		
5	化学院	12	10	10		
6	数学院	11	10	12		
7	法学院	8	12	12		

图 3-19

	A	B	C	D	E	F	G	H
1	某大学毕业生去向情况							
2	序号	学院	去向	人数				
3	1	电子工程	出国	3				
4	2	电子工程	研究生	20				
5	3	电子工程	就业	80				
6	4	电子工程	未就业	9				
7	5	文学院	出国	1		去向	人数统计	所占比例
8	6	文学院	研究生	21		出国		
9	7	文学院	就业	90		研究生		
10	8	文学院	未就业	8		就业		
11	9	化学学院	出国	5		未就业		
12	10	化学学院	研究生	25				
13	11	化学学院	就业	87				
14	12	化学学院	未就业	5				
15	13	工学院	出国	2				
16	14	工学院	研究生	15				
17	15	工学院	就业	90				
18	16	工学院	未就业	5				
19	17	计算机学院	出国	2				
20	18	计算机学院	研究生	11				
21	19	计算机学院	就业	85				
22	20	计算机学院	未就业	2				

图 3-20

【实训 3-6-4】

打开文件 A3-6-4. xls，贷款金额为 20 万，年限为 10 年，年利率为 5%，计算每月的还贷金额，如图 3-21 所示。

B	C	D	E	F
计算月支付额				
贷款金额	200000		贷款金额	200000
贷款年限	10		贷款年限	10
年利率	5%		年利率	5%
月支付			月支付	￥2,121.31

图 3-21

注意事项：

函数 PMT 的使用格式：PMT（月利率，贷款月份，金额），在函数前加一号，结果为正。

【实训 3-6-5】

FREQUENCY（）函数的使用。

打开 A3-6-5. xls 文件，根据计算机成绩，统计 60 以下，60～79，80～89，90 分及以上各分数段的人数，最后效果如图 3-22 所示。

	A	B	C	D	E	F	G
1	学号	姓名	计算机		分段点	分段范围说明	各分数段人数
2	2009010101	张晓莉	76		59	<=59	2
3	2009010102	李兵兵	86		79	60~79	2
4	2009010103	王勇强	56		89	80~89	4
5	2009010104	刘兵	89			>89	1
6	2009020101	李小双	87				
7	2009020102	张小玲	98				
8	2009020103	王晓燕	65				
9	2009020104	李小华	56				
10	2009020105	张林林	87				

图 3-22

注意事项：

（1）FREQUENCY（）函数在工作中统计各分数段的人数非常有用，一定要注意分段点的设置方法。

（2）操作方法：先选定 G2：G5，然后单击 fx 或插入函数，打开“插入函数”对话框（图 3-23），选择类别为全部，再选择函数 FREQUENCY，最后单击“确定”按钮。

（3）选定计算频率的区域 C2：C10，再选定分段点区域 E2：E4，如图 3-24 所示。最后按 Ctrl＋Shift＋Enter 键即可。注意不要单击“确定”按钮。

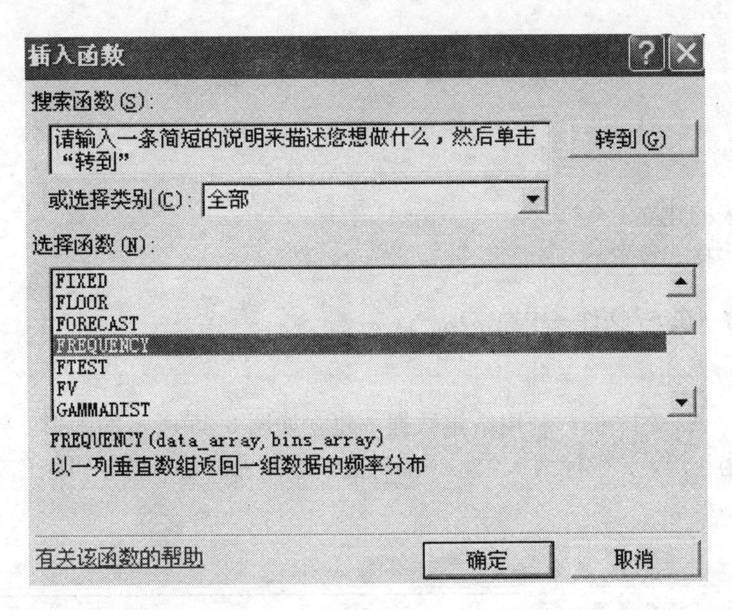

图 3-23

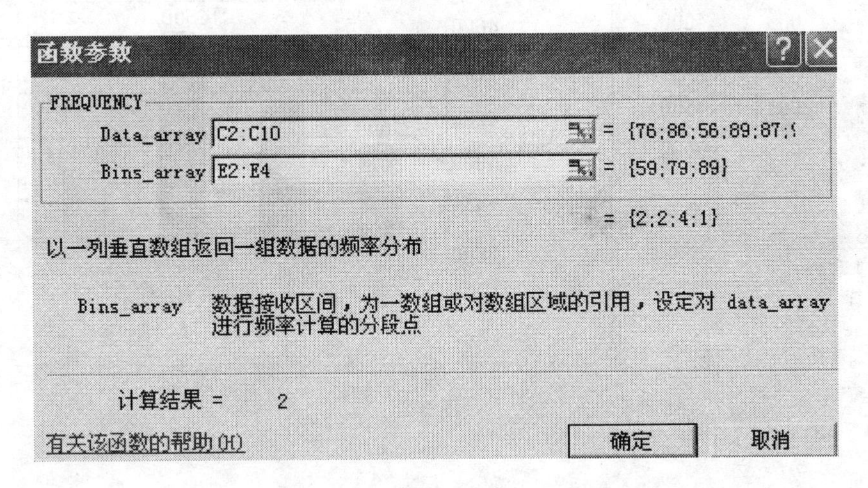

图 3-24

【实训 3-6-6】

INT ()、RAND () 函数的使用。

大二 3 班共有 61 人搞活动，活动中希望用学号的最后两位随机进行抽奖，如何进行?

注意事项:

=INT (RAND () ＊61+1)。

实训项目七 图表操作

一、实训目的

(1) 图表的建立。
(2) 图表格式设置。

二、实训内容（在 A7 文件夹中操作）

【实训 3-7-1】

打开文件 A3-7-1. xls，利用给定数据，建立如图 3-25 所示的图形。要求柱形圆柱图，X 坐标为年级，Z 坐标为人数，顶端有值，边框为圆角，各年级颜色分别为红、粉红、蓝色、浅绿。

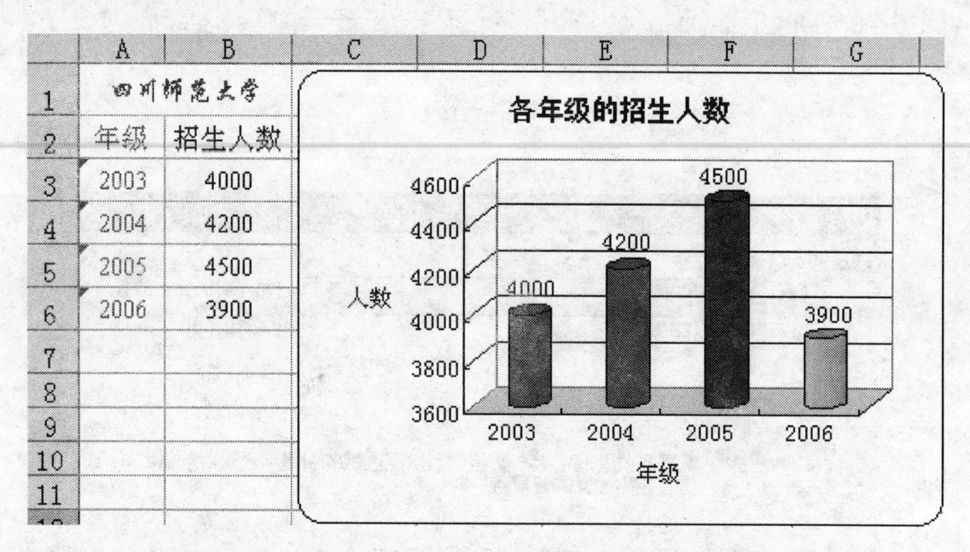

图 3-25

实训项目八 数据排序、筛选与分类汇总

一、实训目的

(1) 数据的排序。
(2) 数据的筛选。
(3) 数据的分类汇总。

二、实训内容（在 A8 文件夹中操作）

【实训 3-8-1】

打开 A3-8-1. xls 文件，分别在表 1～表 3 中实现。

（1）在表 1 中按总分降序排列。

（2）在表 2 中按姓名升序排列。

（3）在表 3 中，先按学院升序排列，若学院相同时，按性别升序排列，若性别再相同，则按总分降序排列。

注意事项：

（1）简单的排序，方法一：可以利用工具升序或降序进行排列。方法二：利用菜单“数据→排序→主要关键字→升序”/“降序”。

（2）复杂的排序，利用菜单“数据→排序→主要关键字→升序”/“降序”；“次要关键字→升序”/“降序”；“第三关键字→升序”/“降序”，如图 3-26 所示。

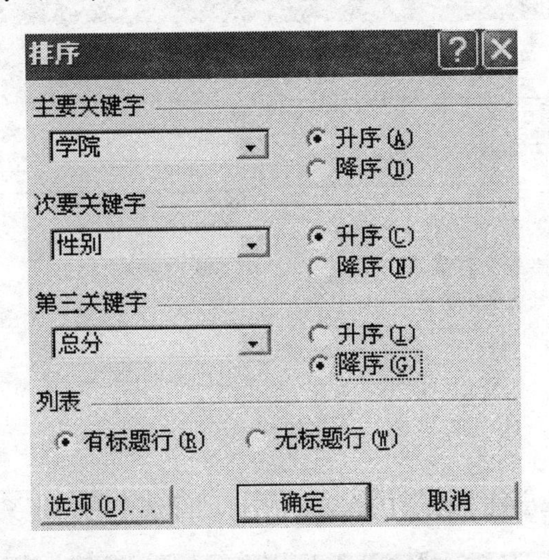

图 3-26

【实训 3-8-2】

打开 A3-8-2. xls 文件，分别在表 1，表 2，表 3，…中实现：

（1）在表 1 中筛选出男生，如图 3-27 所示。

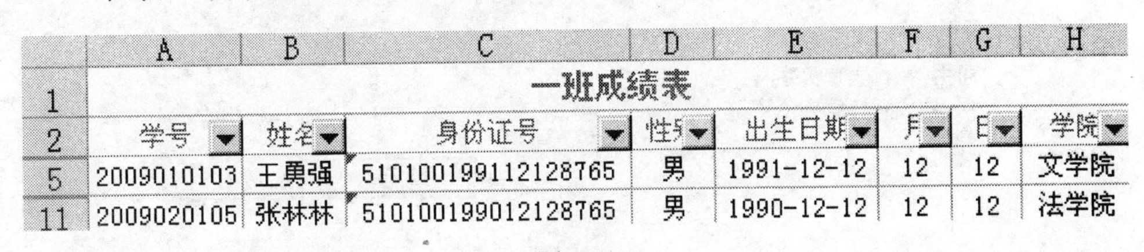

	A	B	C	D	E	F	G	H
1	一班成绩表							
2	学号	姓名	身份证号	性别	出生日期	月	日	学院
5	2009010103	王勇强	510100199112128765	男	1991-12-12	12	12	文学院
11	2009020105	张林林	510100199012128765	男	1990-12-12	12	12	法学院

图 3-27

（2）在表 2 中筛选出计算机 80～90 分的人（包括 80 与 90 分）。

（3）在表 3 中筛选出姓“张”的人。

（4）在表 4 中筛选出班号为 20090101 班的同学。

（5）在表 5-1、表 5-2 中筛选出生日为 12 月 12 号的人（通过身份证号来实现，增加一列来取出生日；或通过出生日期来实现，增加两列，分别取出月、日，再进行筛选）。

（6）在表 6 中筛选出计算机、英语都补考的人（要求采用自动筛选和高级筛选两种方式）。

（7）在表 7 中筛选出计算机或英语要补考的人。

注意事项：

（1）在表 1 中筛出男生的方法：选择“数据→筛选→自动筛选”命令。

（2）在表 2 中筛出 80～90 分的人，利用自动筛选中的自定义即可，设置详见图 3-28。

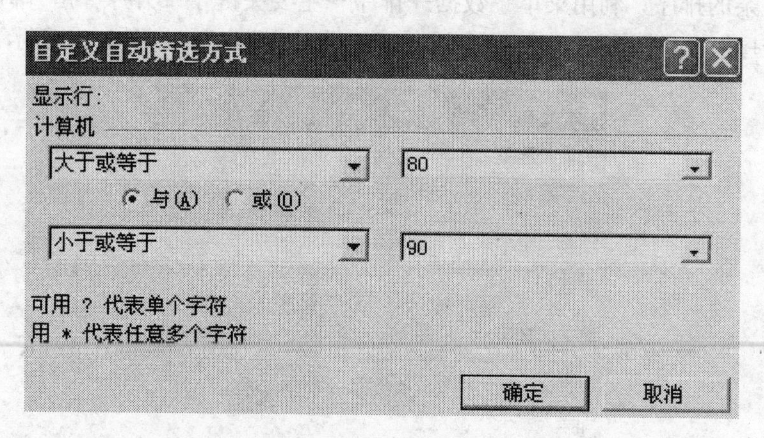

图 3-28

（3）在表 3 中筛选出姓“张”的人，利用自动筛选中的自定义，设置详见图 3-29。

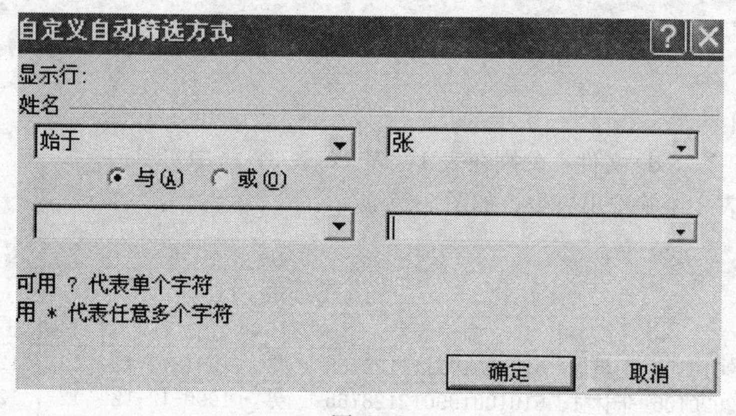

图 3-29

（4）在表 4 中筛选出班号为 20090101 班的同学，利用自动筛选中的自定义，始于→20090101。

（5）方法一：通过身份证号来提取生日的函数 ＝MIDB（C3，11，4），再进行自动筛选出 1212 即可。

方法二：通过出生日期取出月份＝MONTH（G3），取出日期＝DAY（G3）；设置区域数据格式为“常规”，进行自动筛选即可。

（6）利用自动筛选或高级筛选都可以。高级筛选时，注意条件区域的条件，条件为逻辑与时，条件数据在同一行；条件为逻辑或时，条件数据在不同行。

（7）利用高级筛选进行。注意条件数据在不同行中。

【实训 3-8-3】

打开 A3-8-3. xls 文件，计算每个学院的计算机、英语平均分。

注意事项：

（1）按学院排序，选择“数据→分类汇总”命令，打开的对话框如图 3-30 所示。

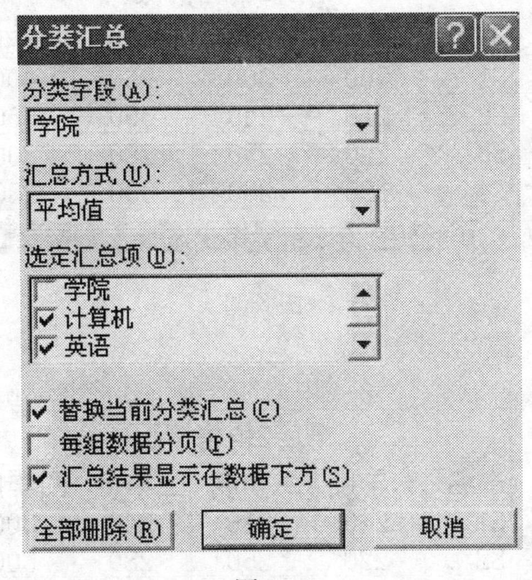

图 3-30

（2）设置“分类字段”为学院，“汇总方式”为平均值，“选定汇总项”为计算机和英语。

（3）单击“确定”按钮，结果如图 3-31 所示。

F	G	H
学院	计算机	英语
法学院 平均值	77	74
文学院 平均值	79	75
总计平均值	78	74

图 3-31

实训项目九　合并计算与数据透视表

一、实训目的

（1）合并计算。

（2）数据透视表。

二、实训内容（在 A9 文件夹中操作）

【实训 3-9-1】

打开 A3-9-1. xls 文件，根据“书店 1”与“书店 2”工作表中的相关数据，计算两个书店销售每本书各季度的销售合计。样文如图 3-32～图 3-34 所示。

	A	B	C	D	E
1	书店1销售情况				
2	书名	一季度	二季度	三季度	四季度
3	S1	200	300	260	400
4	S2	210	240	300	360
5	S3	220	250	280	300
6	S4	190	260	300	280

书店1 / 书店2 / 作业 / 销售合计答案

图 3-32

	A	B	C	D	E
1	书店2销售情况				
2	书名	一季度	二季度	三季度	四季度
3	S1	290	210	240	300
4	S2	220	250	280	300
5	S3	210	230	220	280
6	S4	200	240	280	290

书店1 / 书店2 / 作业 / 销售合计答案

图 3-33

	A	B	C	D	E
1	1销售点情况				
2	书名	一季度	二季度	三季度	四季度
3	S1				
4	S2				
5	S3				
6	S4				

书店1 / 书店2 / 作业 / 销售合计答案

图 3-34

注意事项：

（1）先选定作业表（图 3-34）的 B3：E6 区域，再单击“数据”→“合并计算”命令。

（2）引用位置：单击“书店 1”表（图 3-32），拖动范围＄B＄3：＄E＄6，单击“添加”，再单击“书店 2”表（图 3-33），拖动范围＄B＄3：＄E＄6，单击“添加”按钮，最后单击“确定”按钮，如图 3-35 所示。

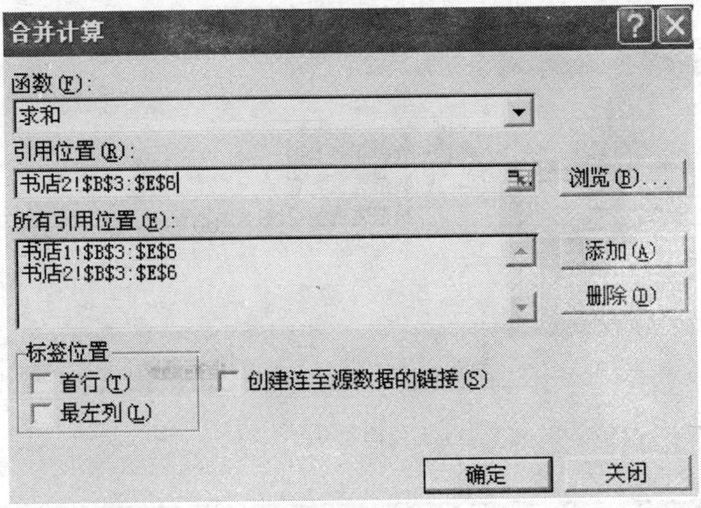

合并计算
函数(F):
求和
引用位置(R):
书店2!$B$3:$E$6
浏览(B)...
所有引用位置(E):
书店1!$B$3:$E$6
书店2!$B$3:$E$6
添加(A)
删除(D)
标签位置
首行(T)
最左列(L)
创建连至源数据的链接(S)
确定
关闭

图 3-35

【实训 3-9-2】

数据透视表的应用。

打开 A3-9-2. xls 文件，使用原始数据表中的数据，布局以“班级”为分页，以“日期”为行字段，以“姓名”为列字段，以“迟到”为计数项，从作业表的 A1 单元格起建立数据透视表，结果如图 3-36 所示。

	A	B	C	D	E	F
1	班级	三年级1班				
2						
3	计数项:迟到	姓名				
4	日期	江涛	李科	许丽	张小勇	总计
5	2010-5-20		1		1	2
6	2010-5-21				1	1
7	2010-5-25	1		1		2
8	2010-5-28		1	1		2
9	总计	1	2	2	2	7

图 3-36

注意事项：

（1）选定原始数据表，再单击“数据”→“数据透视表和数据透视图”→“下一步”→“下一步”→拖动“班级”到页，拖动“日期”到行，拖动“姓名”到列，拖动“迟到”到数据部分→“确定”，如图 3-37～图 3-39 所示。

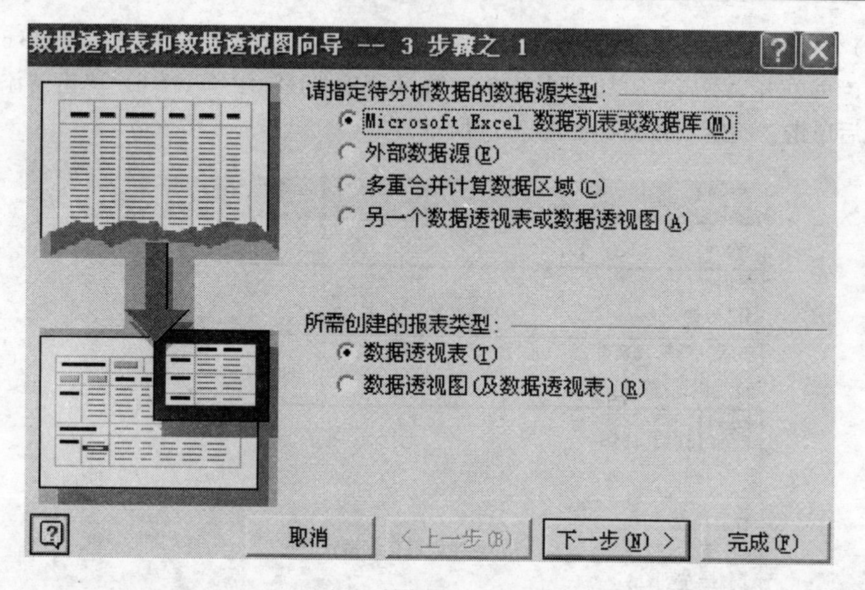

图 3-37

图 3-38

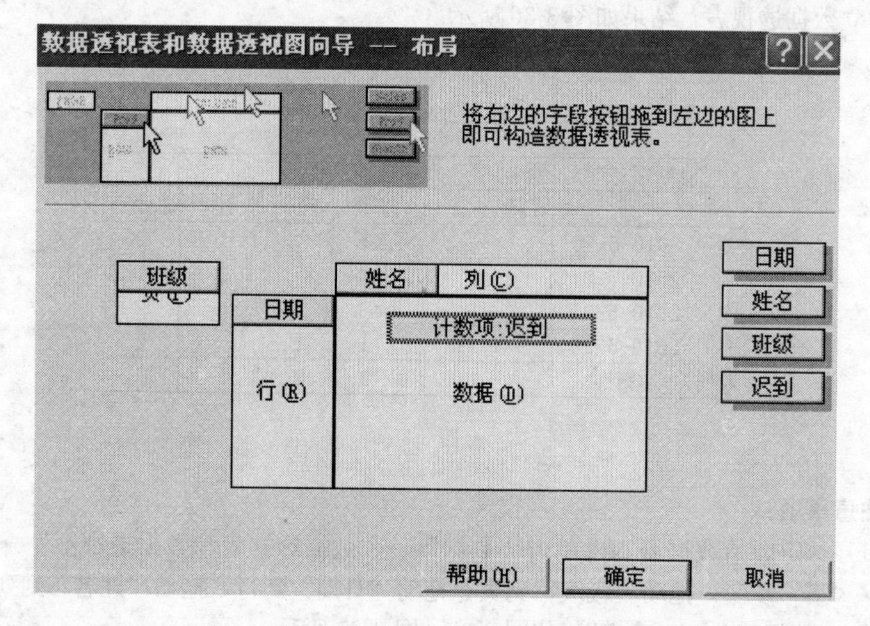

图 3-39

（2）在“计数项：迟到”中可以双击后改变汇总方式，例如，可计算平均值、求和等，如图 3-40 所示。

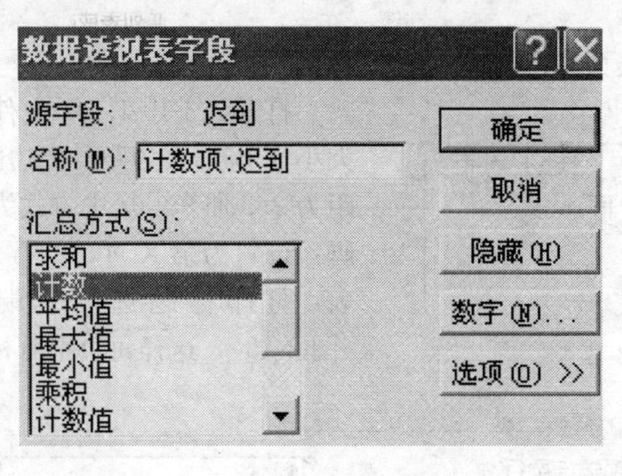

图 3-40

【实训 3-9-3】

打开 A3-9-3. xls 文件，利用数据源的数据，以“学校”为分页，以“科目”为行字段，以“奖项”为列字段，以“姓名”为计数项，从作业表中的 A1 单元格起建立数据透视表，结果如图 3-41 所示。

	A	B	C	D	E
1	学校	四川师大			
2					
3	计数项:姓名	奖项			
4	科目	1等奖	2等奖	3等奖	总计
5	C语言		1	3	4
6	Flash		1	3	4
7	Photoshop			4	4
8	高级办公	2	3	3	8
9	总计	2	5	13	20

图 3-41

实训项目十 页面设置与打印

一、实训目的

（1）纸张大小、页边距、居中方式的设置。

（2）页眉与页脚的设置。

（3）重复标题行的设置。

（4）表的打印。

二、实训内容（在 A10 文件夹中操作）

【实训 3-10-1】

插入/删除/修改页眉、页脚。

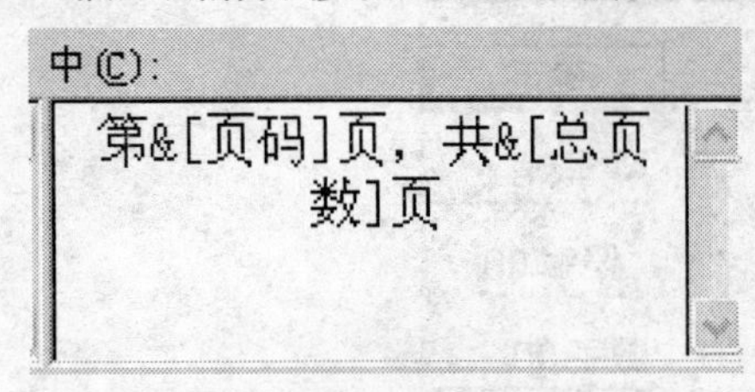

图 3-42

打开 A3-10-1. xls 文件，设置页面的纸张大小为 B5。页边距：上边距为 2.3 厘米、下边距为 2.3 厘米，居中方式为水平居中。页眉/页脚：设置为第 X 页，共 Y 页（图 3-42）。工作表：打印标题选择顶端标题行为第二行（图 3-43），这样每页都有标题行。

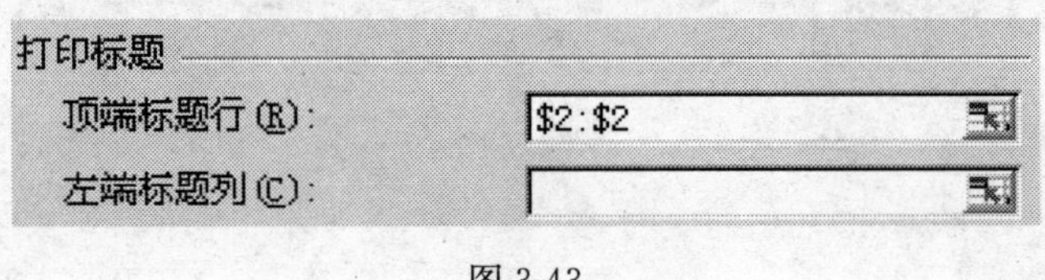

图 3-43

注意事项：

单击“文件→页面设置”命令，分别设置“页面”→“纸张大小”；“页边距”→“上下边距”、“居中方式”；“页眉/页脚”→“自定义页脚”；“工作表”→“顶端标题行”。

第二部分　Excel 综合实训

综合实训一

在 Z1 文件夹中，新建文件“课表 . xls”，制作如图 3-44 所示的表格，要求边框为红色双线，内部为蓝色单线，34 节与 56 节，78 节与 9，10 节之间要求合并居中并要求有底色，最后一次性输入课程名“英语”，所有数据水平居中，垂直居中。

	A	B	C	D	E	F
1	2010级文学院8班课表					
2	星期 / 节	星期一	星期二	星期三	星期四	星期五
3	12节	英语		英语		
4	34节				英语	
5						
6	56节		英语			
7	78节					英语
8						
9	9，10节					

图 3-44

注意事项：

（1）知识点：单元格的合并居中；设置单元格斜线、线条颜色、线型、图案。

（2）同一单元格输入两行文字，方法是按 Alt+Enter 键。

（3）几个单元格一次输入相同的内容，方法是先选定需要输入的单元格，输入“英语”，按 Ctrl+Enter 键。

综合实训二（在 Z2 文件夹中）

知识点：合并居中、公式、函数的使用；分类汇总。

（1）打开 EX19. xls 文件，如图 3-45 所示，将工作表 Sheet1 的 A1：D1 单元格合并为一个单元格，内容居中；计算“金额”列的内容（金额＝数量×单价）和“总计”行的内容，结果的数字格式为常规样式，将工作表命名为“设备购置情况表”。

	A	B	C	D
1	单位设备购置情况表			
2	设备名称	数量	单价	金额
3	电脑	16	6580	
4	打印机	7	1210	
5	扫描仪	3	987	
6			总计	

图 3-45

（2）打开 EXA. xls 文件，对工作表“‘计算机动画技术’成绩单”内的数据清单的内容进行分类汇总（提示：分类汇总前先按“系别”进行升序排序），分类字段为“系别”，汇总方式为“平均值”，汇总项为“考试成绩”，汇总结果显示在数据下方，如图3-46所示。将执行分类汇总后的工作表还保存在 EXA. xls 工作簿文件中，工作表名不变。

	A	B	C	D	E	F
1	系别	学号	姓名	考试成绩	实验成绩	总成绩
5	**计算机 平均值**			83.3		
9	**经济 平均值**			78.3		
14	**数学 平均值**			78.0		
19	**信息 平均值**			76.3		
25	**自动控制 平均值**			73.8		
26	**总计平均值**			77.4		

图 3-46

综合实训三（在 Z3 文件夹中）

知识点：合并居中；公式、函数的使用；数据排序。

（1）打开 EX26. xls 文件，将工作表 Sheet1 的 A1：C1 单元格合并为一个单元格，内容居中；计算“维修件数”列的“总计”项的内容及“所占比例”列的内容（所占比例＝维修件数/总计），将工作表命名为“产品售后服务情况表”。

（2）打开工作簿文件 EXC. xls，对工作表“选修课程成绩单”内的数据清单的内容按主要关键字为“系别”的升序次序和次要关键字为“学号”的升序次序进行排序，排序后的工作表还保存在 EXC. xls 工作簿文件中，工作表名不变。

综合实训四（在 Z4 文件夹中）

知识点：合并居中；公式、函数的使用；图表。

（1）打开 EX29. xls 文件，将工作表 Sheet1 的 A1：F1 单元格合并为一个单元格，内容居中，计算“合计”列的内容，将工作表命名为“家用电器销售情况表”。

（2）选取“家用电器销售情况表”A2：E5 的单元格区域，建立“数据点折线图”，X 轴上的项为商品名称（系列产生在“列”），图表标题为“家用电器销售情况图”，插入到表的 A7：E18 单元格区域内，如图 3-47 所示。

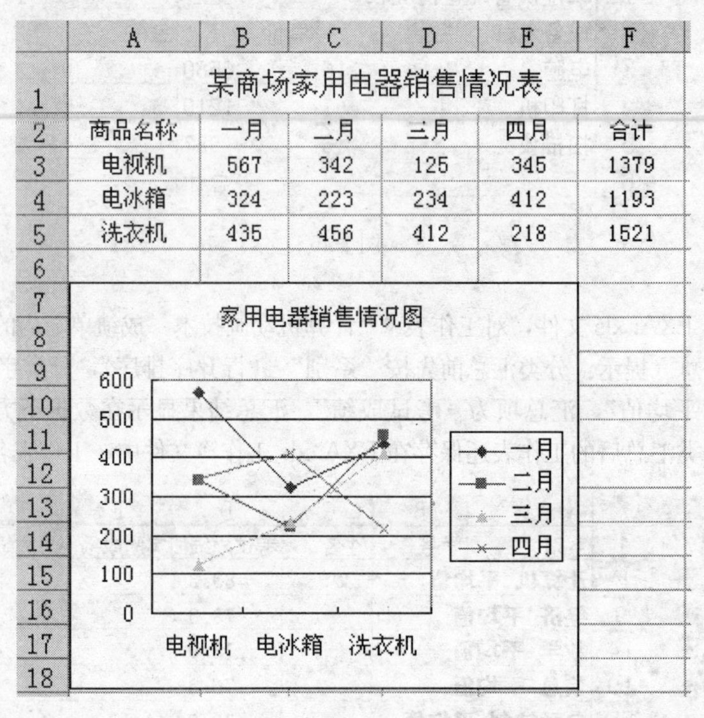

	A	B	C	D	E	F
1	某商场家用电器销售情况表					
2	商品名称	一月	二月	三月	四月	合计
3	电视机	567	342	125	345	1379
4	电冰箱	324	223	234	412	1193
5	洗衣机	435	456	412	218	1521
6						

图 3-47

综合实训五（在 Z5 文件夹中）

知识点：合并居中；公式、函数的使用；图表使用。

（1）打开 EXC. xls 文件，将 Sheet1 工作表的 A1：D1 单元格合并为一个单元格，水平对齐方式设置为居中；计算各类图书去年发行量和本年发行量的合计，计算各类图书的增长比例（增长比例＝（本年发行量－去年发行量）/去年发行量），保留小数点后

2 位，将工作表命名为“图书发行情况表”。

（2）选取“图书发行情况表”的“图书类别”和“增长比例”两列的内容建立“面积图”（“合计”行内容除外），X 轴上的项为图书类别（系列产生在“列”），图表标题为“图书发行情况图”，图例位置在底部，数据标志为“值”，将图插入到工作表的 E1：H12 单元格区域内，如图 3-48 所示。

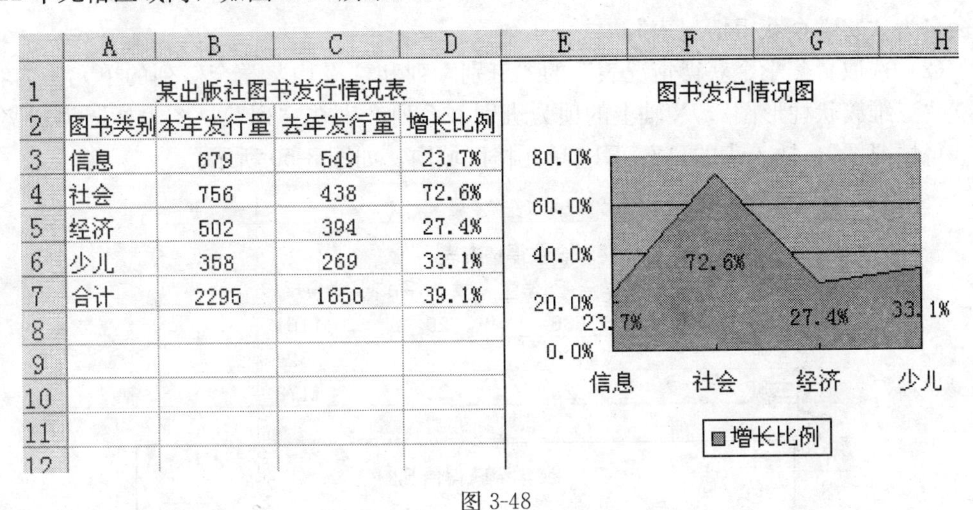

	A	B	C	D
1	某出版社图书发行情况表			
2	图书类别	本年发行量	去年发行量	增长比例
3	信息	679	549	23.7%
4	社会	756	438	72.6%
5	经济	502	394	27.4%
6	少儿	358	269	33.1%
7	合计	2295	1650	39.1%

图 3-48

综合实训六（在 Z6 文件夹中）

知识点：合并居中；公式、函数的使用；图表使用。

（1）打开 EX35. xls 文件，将工作表 Sheet1 的 A1：C1 单元格合并为一个单元格，内容居中，计算“人数”列的“总计”项及“所占比例”列的内容（所占比例＝人数/总计），将工作表命名为“员工年龄情况表”。

（2）选取“员工年龄情况表”的“年龄”列和“所占比例”列的单元格内容（不包括“总计”行），建立“分离型圆环图”，数据标志为“百分比”，图表标题为“员工年龄情况图”，插入到表的 D1：G10 单元格区域内，如图 3-49 所示。

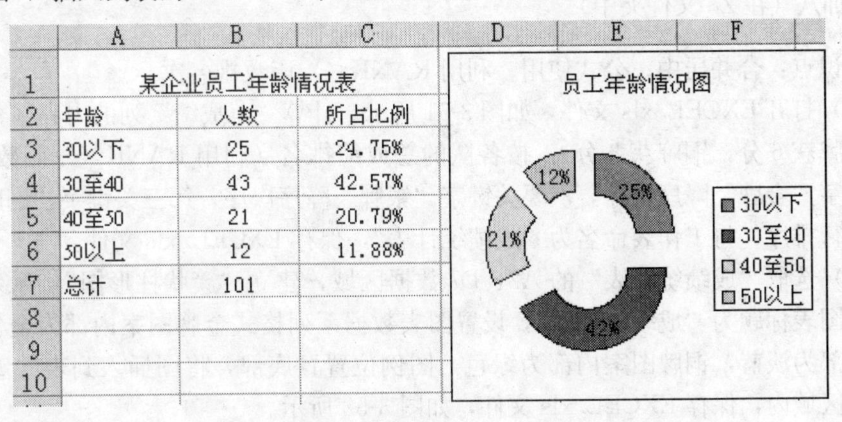

	A	B	C
1	某企业员工年龄情况表		
2	年龄	人数	所占比例
3	30以下	25	24.75%
4	30至40	43	42.57%
5	40至50	21	20.79%
6	50以上	12	11.88%
7	总计	101	

图 3-49

综合实训七（在 Z7 文件夹中）

知识点：合并居中；公式、函数的使用；图表使用。

（1）打开 EX39. xls 文件，将工作表 Sheet1 的 A1：D1 单元格合并为一个单元格，内容居中，计算“平均奖学金”列的内容（平均奖学金=总奖学金/学生人数），将工作表命名为“奖学金获得情况表”。

（2）选取“奖学金获得情况表”的“班别”列和“平均奖学金”列的单元格内容，建立“三维簇状柱形图”，X 轴上的项为班别（系列产生在“列”），图表标题为“奖学金获得情况图”，插入表的 A7：E17 单元格区域内，如图 3-50 所示。

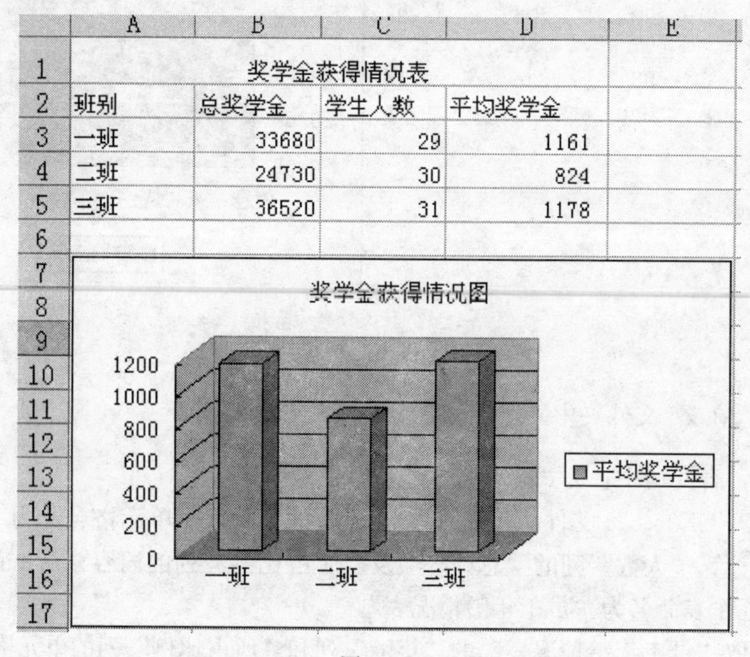

	A	B	C	D	E
1	奖学金获得情况表				
2	班别	总奖学金	学生人数	平均奖学金	
3	一班	33680	29	1161	
4	二班	24730	30	824	
5	三班	36520	31	1178	
6					

图 3-50

综合实训八（在 Z8 文件夹中）

知识点：合并居中；公式使用；利用 RANK（）函数排名次。

（1）打开 EXCEL. xls 文件，如图 3-51 所示。计算“总成绩”列的内容（金牌获 10 分，银牌获 6 分，铜牌获 3 分），按各队的总成绩排名（利用 RANK（）函数）；按主要关键字“金牌”降序次序，次要关键字“银牌”降序次序，第三关键字“铜牌”降序次序进行排序；将工作表命名为“成绩统计表”，保存 EXCEL. xls 文件。

（2）选取“成绩统计表”的 A2：D7 数据区域，建立“簇状柱形图”，系列产生在“列”，图表标题为“成绩统计图”，设置图表数据系列格式金牌图案内部为金色，银牌图案内部为淡蓝，铜牌图案内部为绿色，图例位置置底部，将图插入到表的 A8：G16 单元格区域内，保存 EXCEL. xls 文件，如图 3-52 所示。

	A	B	C	D	E	F
1	四川师范大学运动会成绩表					
2	学院	金牌	银牌	铜牌	总成绩	名次
3	计算机	10	14	10		
4	文学院	15	10	12		
5	化学院	12	10	10		
6	数学院	11	10	12		
7	法学院	8	12	12		

图 3-51

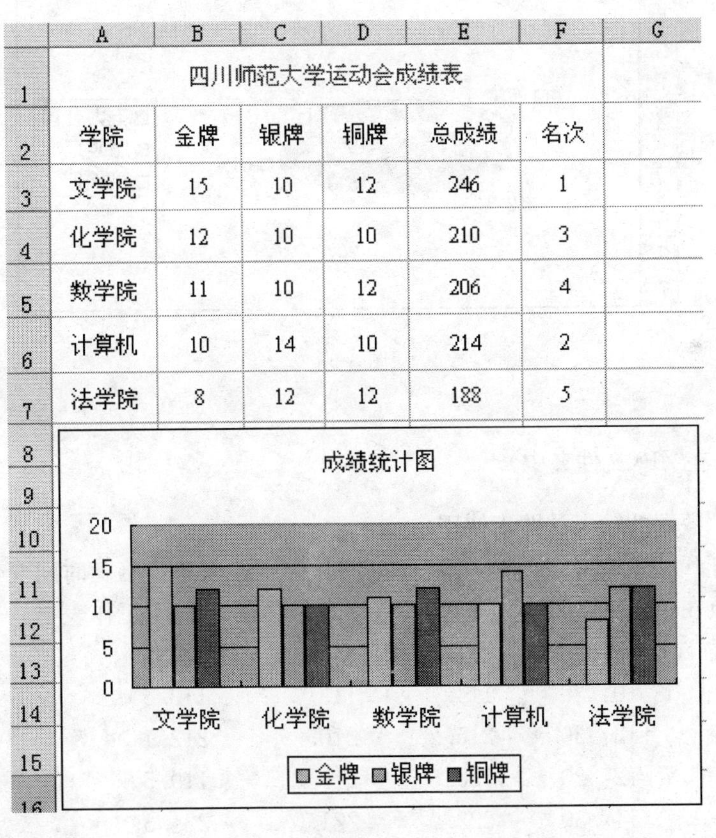

	A	B	C	D	E	F	G
1	四川师范大学运动会成绩表						
2	学院	金牌	银牌	铜牌	总成绩	名次	
3	文学院	15	10	12	246	1	
4	化学院	12	10	10	210	3	
5	数学院	11	10	12	206	4	
6	计算机	10	14	10	214	2	
7	法学院	8	12	12	188	5	

图 3-52

综合实训九（在 Z9 文件夹中）

知识点：公式、函数的使用；图表使用。

(1) 打开 TABLE4. xls 文件，求出“资助额”(资助额＝年收入＊资助比例)。

(2) 选择“单位”、“资助额”两列数据，建立一个三维饼图的图表，嵌入在数据表格下方(存放在 A7：E17 的区域内)。图表标题设为“资助额比例表”，在“数据标志”中选择“百分比”、“图例项标示”两项选项，如图 3-53 所示。

(3) 将当前工作表 Sheet1 更名为“资助额比例图”。

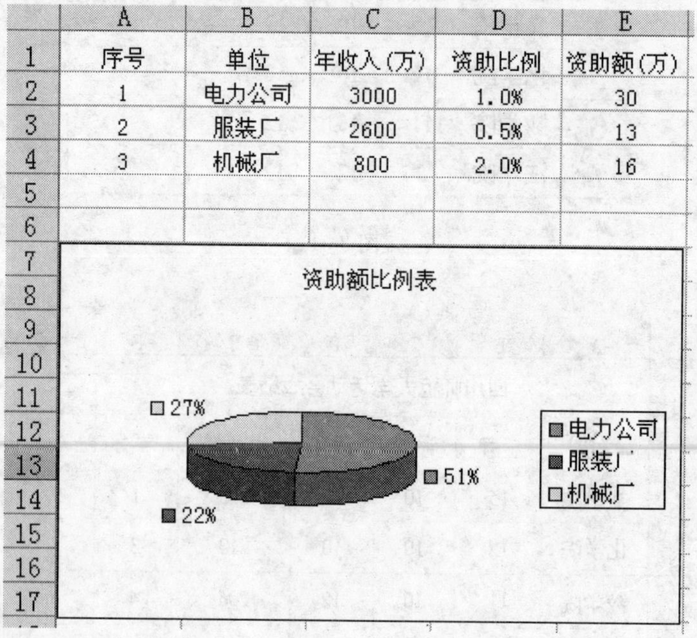

	A	B	C	D	E
1	序号	单位	年收入(万)	资助比例	资助额(万)
2	1	电力公司	3000	1.0%	30
3	2	服装厂	2600	0.5%	13
4	3	机械厂	800	2.0%	16
5					
6					

资助额比例表

27%

51%

22%

电力公司

服装厂

机械厂

图 3-53

综合实训十(在 Z10 文件夹中)

知识点：数据的输入；图表使用。

(1) 打开 TABLE. xls 文件，请将下列两种类型的股票价格随时间变化的数据填入数据表(存放在 A1：E5 的区域内)，其数据表保存在 Sheet1 工作表中。

股票种类	时间	盘高	盘低	收盘价
A	10：30	114.2	113.2	113.5
A	12：20	215.2	210.3	212.1
B	12：20	120.5	119.2	119.5
B	14：30	222.0	221.0	221.5

(2) 对建立的数据表选择“盘高”、“盘低”、“收盘价”、“时间”数据建立“盘高-盘低-收盘价”簇状柱形图，图表标题为“股票价格走势图”，并将其嵌入到工作表的 A8：F18 区域中，如图 3-54 所示。

(3) 将工作表 Sheet1 更名为“股票价格走势表”。

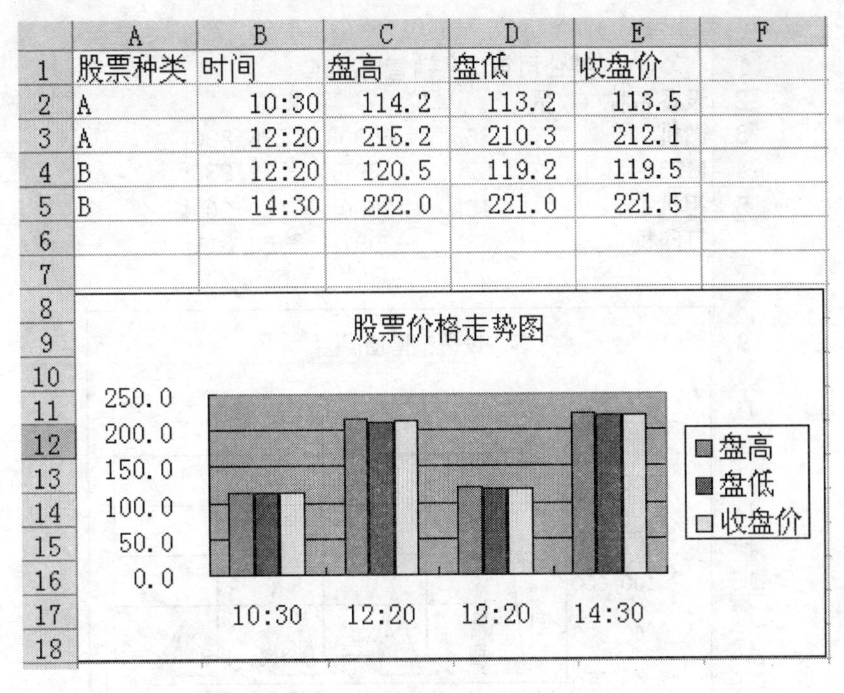

	A	B	C	D	E	F
1	股票种类	时间	盘高	盘低	收盘价	
2	A	10:30	114.2	113.2	113.5	
3	A	12:20	215.2	210.3	212.1	
4	B	12:20	120.5	119.2	119.5	
5	B	14:30	222.0	221.0	221.5	

图 3-54

综合实训十一（在 Z11 文件夹中）

知识点：合并居中；公式、函数的使用；数据格式；图表。

(1) 打开 EXC. xls 文件，将 Sheet1 工作表的 A1：D1 单元格合并为一个单元格，水平对齐方式设置为居中；计算各种设备的“销售额”（销售额＝单价＊数量，单元格格式数字分类为货币，货币符号为￥，小数位数为 0)，计算销售额的总计（单元格格式数字分类为货币，货币符号为￥，小数位数为 0)；将工作表命名为“设备销售情况表”。

(2) 选取“设备销售情况表”的“设备名称”和“销售额”两列的内容（总计行除外）建立“柱形棱锥图”，X 轴为设备名称，图表标题为“设备销售情况图”，不显示图例，网格线分类（X）轴和数值（Z）轴显示主要网格线，将图插入到工作表的 A8：E21 单元格区域内，如图 3-55 所示。

综合实训十二（在 Z12 文件夹中）

知识点：合并居中；公式、函数的使用；数据高级筛选。

(1) 打开 EXCEL. xls 文件，将工作表 Sheet1 的 A1：F1 单元格合并为一个单元格，内容水平居中，计算“总计”行和“合计”列单元格的内容，将工作表命名为“商品销售数量情况表”。

(2) 打开 EXC. xls 文件，对工作表“选修课程成绩单”内的数据清单的内容进行高级筛选，条件为“系别为计算机并且课程名称为计算机图形学”（在数据表前插入 3

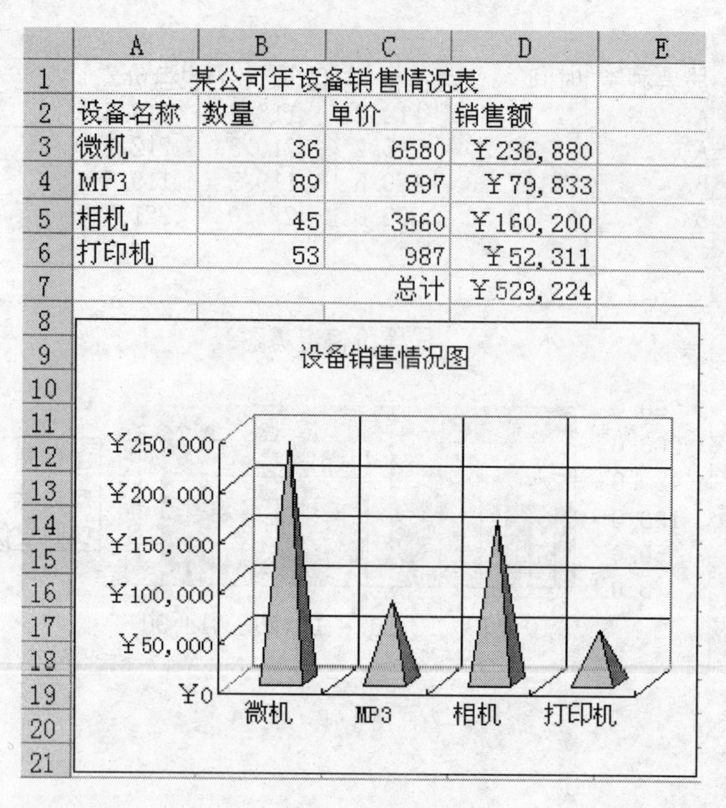

	A	B	C	D	E
1	某公司年设备销售情况表				
2	设备名称	数量	单价	销售额	
3	微机	36	6580	￥236,880	
4	MP3	89	897	￥79,833	
5	相机	45	3560	￥160,200	
6	打印机	53	987	￥52,311	
7			总计	￥529,224	

图 3-55

行，前 2 行作为条件区域)，筛选后的结果显示在原有区域，筛选后的工作表还保存在 EXC. xls 工作簿文件中，工作表名不变。

综合实训十三（在 Z13 文件夹中）

（1）打开 EXCEL. xls 文件，将 Sheet1 工作表的 A1：E1 单元格合并为一个单元格，内容水平居中；计算“乘车时间”（乘车时间＝到站时间－开车时间），将 A2：E6 区域的底纹颜色设置为红色、底纹图案类型和颜色分别设置为 6.25% 灰色和黄色，将工作表命名为“列车时刻表”，保存 EXCEL. xls 文件。

（2）打开 EXC. xls 文件，对工作表“计算机专业成绩单”内数据清单的内容进行自动筛选，条件为数据库原理、操作系统、体系结构 3 门课程均大于或等于 75 分，对筛选后的内容按主要关键字“平均成绩”的降序次序和次要关键字“班级”的升序次序进行排序，保存 EXC. xls 文件。

综合实训十四（在 Z14 文件夹中）

（1）打开 EXCEL. xls 文件，将 Sheet1 工作表的 A1：F1 单元格合并为一个单元格，内容水平居中；用公式计算三年各月经济增长指数的平均值，保留小数点后 2 位，将 A2：F6 区域的全部框线设置为双线样式，颜色为蓝色，将工作表命名为“经济增长指数对比表”，保存 EXCEL. xls 文件。

（2）选取 A2：F5 单元格区域的内容建立“堆积数据点折线图”（系列产生在“行”），图表标题为“经济增长指数对比图”，图例位置在底部，网格线为分类（X）轴和数值（Y）轴显示主要网格线，将图插入到表的 A8：F18 单元格区域内，保存 EXCEL. xls 文件。

综合实训十五（在 Z15 文件夹中）

（1）打开 EXCEL. xls 文件，将 Sheet1 工作表的 A1：M1 单元格合并为一个单元格，内容水平居中；计算全年平均值列的内容（数值型，保留小数点后两位），计算“最高值”和“最低值”行的内容（利用 MAX 函数和 MIN 函数，数值型，保留小数点后两位）；将 A2：M5 区域格式设置为自动套用格式“古典 2”，将工作表命名为“经济增长指数对比表”，保存 EXCEL. xls 文件。

（2）选取“经济增长指数对比表”的 A2：L5 数据区域的内容建立“数据点折线图”（系列产生在“行”），图表标题为“经济增长指数对比图”，设置 Y 轴刻度最小值为 50，最大值为 210，主要刻度单位为 20，分类（X 轴）交叉于 50；将图插入到表的 A8：L20 单元格区域内，保存 EXCEL. xls 文件。

综合实训十六（在 Z16 文件夹中）

（1）打开 EXCEL. xls 文件，将 Sheet1 工作表的 A1：D1 单元格合并为一个单元格，内容水平居中；计算学生的平均身高置于 B23 单元格内，如果该学生身高在 160cm 及以上在备注行给出“继续锻炼”信息，如果该学生身高在 160cm 以下给出“加强锻炼”信息（利用 IF 函数完成）；将 A2：D23 区域格式设置为自动套用格式“会计 2”，将工作表命名为“身高对比表”，保存 EXCEL. xls 文件。

（2）打开工作薄文件 EXC. xls，对工作表“图书销售情况表”内数据清单的内容按主要关键字“经销部门”的升序次序和次要关键字“图书名称”的降序次序进行排序，对排序后的数据进行自动筛选，条件为“销售数量大于或等于 300 并且销售额大于或等于 8000”，工作表名不变，保存为 EXC. xls。

综合实训十七（在 Z17 文件夹中）

（1）打开 EXCEL. xls 文件，将 Sheet1 工作表的 A1：D1 单元格合并为一个单元格，内容水平居中；计算历年销售量的总计和所占比例列的内容（百分比型，保留小数点后两位）；按递减次序计算各年销售量的排名（利用 RANK 函数）；对 A7：D12 的数据区域，按主要关键字各年销售量的升序次序进行排序；将 A2：D13 区域格式设置为自动套用格式“序列 1”，将工作表命名为“销售情况表”；保存 EXCEL. xls 文件。

（2）选取“销售情况表”的 A2：B12 数据区域，建立“堆积数据点折线图”，图表标题为“销售情况统计图”，图例位置靠上，设置 Y 轴刻度最小值为 5000，主要刻度单位为 10000，分类（X 轴）交叉于 5000；将图插入到表的 A15：E29 单元格区域内，保存 EXCEL. xls 文件。

综合实训十八（在 Z18 文件夹中）

（1）打开 EXCEL. xls 文件，将 Sheet1 工作表的 A1：G1 单元格合并为一个单元格，内容水平居中；计算“总成绩”列的内容和按“总成绩”递减次序的排名（利用 RANK 函数）；如果高等数学、大学英语成绩均大于或等于 75 在备注栏内给出信息“有资格”，否则给出信息“无资格”（利用 IF 函数实现）；将工作表命名为“成绩统计表”，保存 EXCEL. xls 文件。

（2）打开工作薄文件 EXC. xls，对工作表“图书销售情况表”内数据清单的内容按“经销部门”升序次序排序，以分类字段为“经销部门”、汇总方式为“求和”进行分类汇总，选定汇总项为“销售额（元）”，汇总结果显示在数据下方，工作表名不变，保存为 EXC. xls 文件。

综合实训十九（在 Z19 文件夹中）

（1）打开 EXCEL. xls 文件：①将 Sheet1 工作表的 A1：D1 单元格合并为一个单元格，内容水平居中；计算平均成绩（置于 C13 单元格内，保留小数点后两位），如果该选手成绩在 90 分及以上在“备注”列给出“进入决赛”信息，否则给出“谢谢”信息（利用 IF 函数完成）；利用条件格式将 D3：D12 区域内容为“进入决赛”的单元格字体颜色设置为红色。②选取“选手号”和“成绩”列的内容建立“簇状条形图”（系列产生在“列”），图表标题为“竞赛成绩统计图”，清除图例；将图插入到表 A14：F33 单元格区域，将工作表命名为“竞赛成绩统计表”，保存 EXCEL. xls 文件。

（2）打开 EXC. xls 文件，对工作表“人力资源情况表”内数据清单的内容按主要关键字“部门”的升序次序和次要关键字“组别”的降序次序进行排序，对排序后的数据进行自动筛选，条件为年龄在 35 岁及以下、学历为硕士，工作表名不变，保存 EXC. xls 文件。

综合实训二十（在 Z20 文件夹中）

（1）打开 EXCEL. xls 文件：①将 Sheet1 工作表的 A1：D1 单元格合并为一个单元格，内容水平居中；计算“调薪后工资”列的内容（调薪后工资＝现工资＋现工资＊调薪系数），计算现工资和调薪后工资的普遍工资（置于 B18 和 D18 单元格，利用 MODE 函数，普遍工资就是出现频率最高的工资）；将 A2：D17 区域格式设置为自动套用格式“古典 1”。②选取“现工资”列和“调薪后工资”列内容，建立“簇状柱形图”（系列产生在“列”），图表标题为“工资统计图”，设置图表绘图区格式为白色，图例位置置底部；将图插入到表的 A20：E34 单元格区域内，将工作表命名为“工资统计表”，保存 EXCEL. xls 文件。

（2）打开 EXC. xls 文件，对工作表“人力资源情况表”内数据清单的内容进行自动筛选，条件为各部门学历为硕士或博士、职称为高工的人员情况，工作表名不变，保存 EXC. xls 文件。

综合实训二十一（在 Z21 文件夹中）（合并计算）

（1）打开 EXCEL. xls 文件，现有“1 分店”和“2 分店”4 种型号的产品一月、二月、三月的“销售量统计表”数据清单，位于工作表“销售单 1”和“销售单 2”中。在 Sheet3 工作表的 A1 单元格输入“合计销售数量统计表”，将 A1：D1 单元格合并为一个单元格，内容水平居中；在 A2：A6 单元格输入“型号”，在 B2：D2 单元格输入月份，如图 3-56 所示；计算出两个分店 4 种型号的产品一月、二月、三月每月销售量总和置于 B3：D6 单元格（使用“合并计算”），创建连至源数据的连接；将工作表命名为“合计销售单”，保存 EXCEL. xls 文件。

	A	B	C	D	E
1	合计销售数量统计表				
2	型号	一月	二月	三月	
3	A001				
4	A002				
5	A003				
6	A004				

销售单1　销售单2　合计销售单

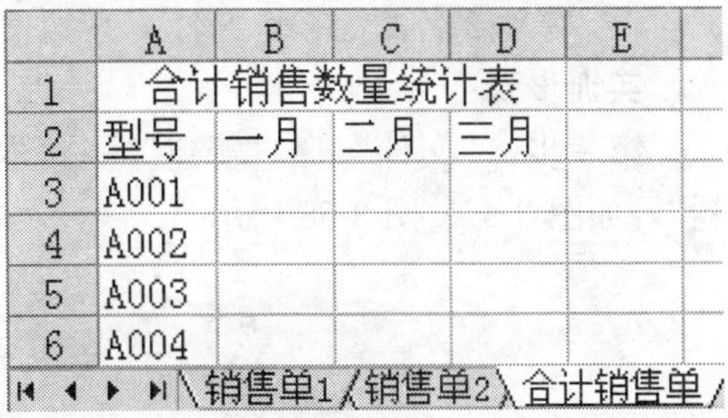

图 3-56

（2）打开 EXC. xls 文件，对工作表“销售情况数量统计”内的数据清单，利用“样式”对话框自定义“表标题”样式，包括：“数字”为通用格式，“对齐”为水平居中和垂直居中，“字体”为华文彩云 11，“边框”为左右上下边框，“图案”为浅绿色底纹，设置 A1 单元格“表标题”样式；利用“货币”样式设置 C3：D7 单元格区域的数值。

综合实训二十二（在 Z22 文件夹中）（统计个数，数据透视表）

（1）打开 EXCEL. xls 文件：①将 Sheet1 工作表的 A1：D1 单元格合并为一个单元格，内容水平居中；计算职工的平均年龄置于 C13 单元格内（数值型，保留小数点后 1 位）；计算职称为高工、工程师和助工的人数置于 G5：G7 单元格区域（利用 COUNTIF 函数）。②选取“职称”列（F4：F7）和“人数”列（G4：G7）数据区域的内容建立“簇状柱形图”，图标题为“职称情况统计图”，清除图例；将图插入到表的 A15：E25 单元格区域内，将工作表命名为“职称情况统计表”，保存 EXCEL. xls 文件。

（2）打开 EXC. xls 文件，对工作表“图书销售情况表”内数据清单的内容建立数据透视表，按行为“经销部门”，列为“图书类别”，数据为“数量（册）”求和布局，并置于现工作表的 H2：L7 单元格区域，工作表名不变，保存 EXC. xls 文件。

综合实训二十三（在 Z23 文件夹中）（统计个数，数据透视表）

（1）打开 EXCEL. xls 文件：①将 Sheet1 工作表的 A1：D1 单元格合并为一个单元格，内容水平居中；计算职工的平均工资置于 C13 单元格内（数值型，保留小数点后 1 位）；计算学历为博士、硕士和本科的人数置于 F5：F7 单元格区域（利用 COUNTIF 函数）。②选取“学历”列（E4：E7）和“人数”列（F4：F7）数据区域的内容建立“簇状柱形图”，图标题为“学历情况统计图”，清除图例；将图插入到表的 A15：E25 单元格区域内，将工作表命名为“学历情况统计表”，保存 EXCEL. xls 文件。

（2）打开 EXC. xls 文件，对工作表“图书销售情况表”内数据清单的内容建立数据透视表，按行为“图书类别”，列为“经销部门”，数据为“销售额（元）”求和布局，并置于现工作表的 H2：L7 单元格区域，工作表名不变，保存 EXC. xls 文件。

综合实训二十四

根据本机上的模板——抽奖器，设置号码为 XM1，…，XM100，要求抽出二等奖 3 名，一等奖 2 名，特等奖 1 名。

实训步骤：

第一步：“文件”→“新建”→“本机上的模板”→“电子方案表格”→“抽奖器”，如图 3-57、图 3-58 所示。

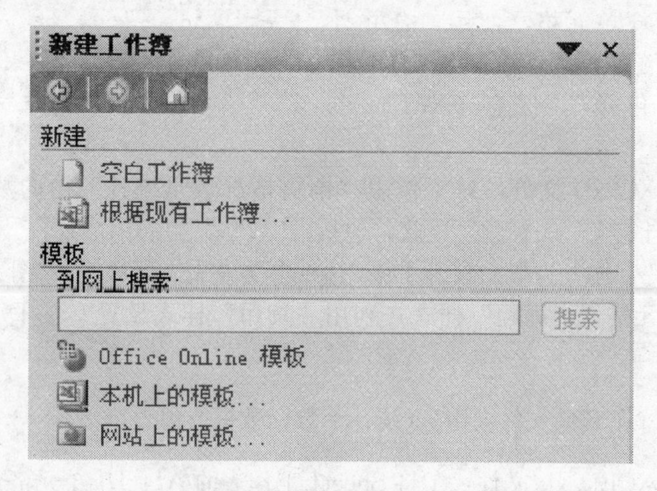

图 3-57

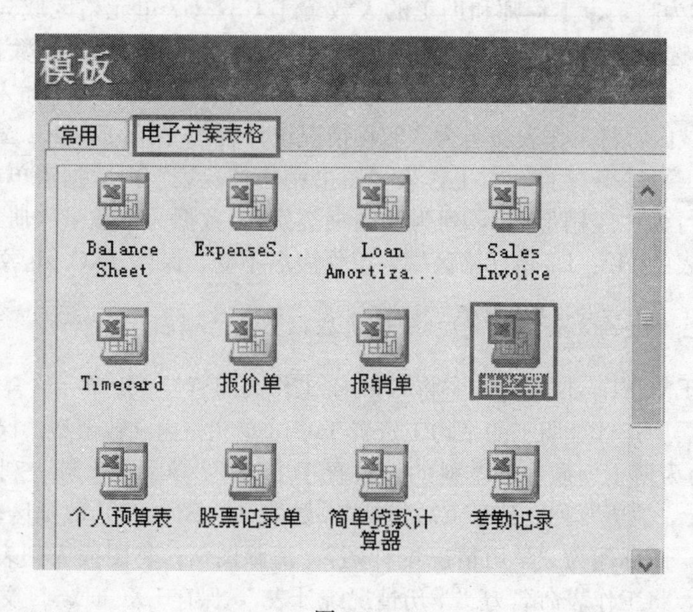

图 3-58

第二步：选择“候选名单”表，设置好号码 XM1，…，XM100，输入第一个，拖动自动填充柄可实现，如图3-59所示。

	A
1	请输入候选名单
2	XM1
3	XM2
4	XM3
5	XM4
6	XM5
7	XM6
8	XM7
9	XM8
10	XM9

抽奖 / 设置 / 抽奖结果 / 候选名单

图 3-59

第三步：切换到“设置”表，设置特等奖 1 名、一等奖 2 名、二等奖 3 名，如图 3-60所示。

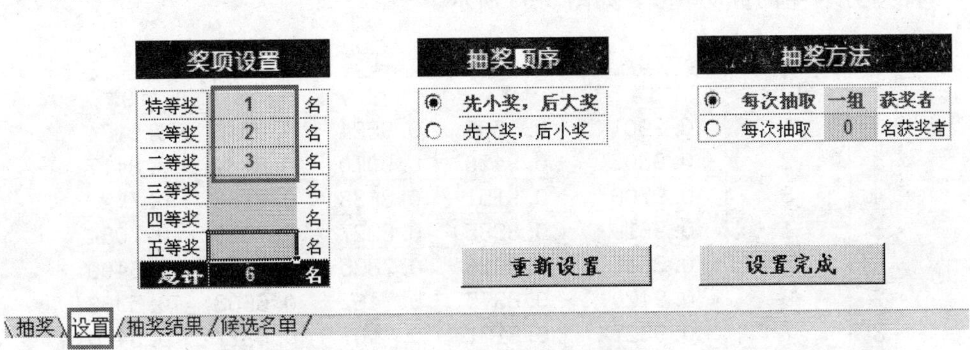

图 3-60

第四步：切换到“抽奖”表（图 3-61），进行抽奖，抽奖结束后，切换到“抽奖结果”表查看抽奖结果，如图 3-62 所示。

图 3-61

特等奖	一等奖	二等奖
XM57	XM6	XM14
	XM24	XM21
		XM32

抽奖 / 设置 / 抽奖结果 / 候选名单

图 3-62

第三部分　Excel 创新实训

创新实训一（在 C1 文件夹中）

打开 C3-1. xls 文件，设计 10 年年利率分别为 1%、3%、5%、7%、9%的期末折现系数表。

在财务、金融或精算理论中，n 年期折现系数 $v^n=1/(1+i)^n$，根据不同的利率情况，列表显示各年的折现系数，如图 3-63 所示。

	A	B	C	D	E	F
1	年份	1%	3%	5%	7%	9%
2	1	0.9901	0.9709	0.9524	0.9346	0.9174
3	2	0.9803	0.9426	0.9070	0.8734	0.8417
4	3	0.9706	0.9151	0.8638	0.8163	0.7722
5	4	0.9610	0.8885	0.8227	0.7629	0.7084
6	5	0.9515	0.8626	0.7835	0.7130	0.6499
7	6	0.9420	0.8375	0.7462	0.6663	0.5963
8	7	0.9327	0.8131	0.7107	0.6227	0.5470
9	8	0.9235	0.7894	0.6768	0.5820	0.5019
10	9	0.9143	0.7664	0.6446	0.5439	0.4604
11	10	0.9053	0.7441	0.6139	0.5083	0.4224

图 3-63

创新实训二（在 C2 文件夹中）

打开 C3-2. xls 文件，按照下面的要求将相应的内容填入到工作表 1 中的总成绩、补笔试、补上机、平均分单元格中，必须以公式的形式填写（手工填写无效）。其中，总成绩＝笔试成绩＋上机成绩；如果笔试成绩小于 30，补笔试＝“补考”；如果上机成绩小于 30，补上机＝“补考”，如图 3-64 所示。（注意图中许多行是隐藏了的效果，做题时不需要隐藏。）

	A	B	C	D	E	F	G	H
2	学生成绩统计表							
3	学号	姓名	性别	笔试成绩	上机成绩	总成绩	补笔试	补上机
4	99410007	王墨	女	45	44	89		
5	99410010	吴一凡	男	32	35	67		
6	99410011	王楠	女	30	22	52		补考
7	99410012	高震	男	29	44	73	补考	
32	99410062	刘居昊	男	45	21	66		补考
33	平均分			38.276	34.97	73.24		

图 3-64

创新实训三（在 C3 文件夹中）

打开 C3-3. xls 文件，给考生按照随机排序的方法分配座位编号，如图 3-65 所示（图中隐藏了许多行，做题时不需隐藏）。在考试考务组织过程中，考生的准考证号码是按一定顺序分配的，但在考场中，往往要求其座位是随机打乱的，这如何做到呢？

	A	B	C	D	E
1	序号	姓名	性别	考试座位号	
2	1	符杰	男	24	0.590443
3	2	左妞	男	30	0.459274
57	56	文　浩	男	4	0.931301
58	57	王伟峰	女	43	0.225973

图 3-65

创新实训四（在 C4 文件夹中）

打开 C3-4. xls 文件，计算应发金额、扣税所得额、个人所得税、实发金额，计算各部门实发金额的合计，如图 3-66 所示。

计算方法：

（1）应发金额＝基本工资＋奖金＋住房补助＋车费补助－保险金－请假扣款。

（2）扣税所得额的计算方法：如应发金额少于 1000 元，则扣税所得额为 0；否则，扣税所得额为应发金额减去 1000 元。

（3）个人所得税的计算方法：

扣税所得额＜500　　个人所得税＝扣税所得额×5％

500≤扣税所得额＜2000　　个人所得税＝扣税所得额×10％－25

2000≤扣税所得额＜5000　　个人所得税＝扣税所得额×15％－125

(4) 实发金额＝应发金额－个人所得税。

注意：图 3-66 中隐藏了许多行与许多列后的效果，实际操作时不隐藏。

	A	B	C	D	I	J	K	L	M
1	员工编	员工	所在部	基本工资	请假	应发金额	扣税所得额	个人所得税	实发金额
2	1001	X1	人事部	3000	20	￥3,180.00	￥2,180.00	￥202.00	￥2,978
3	1002	X2	行政部	2000	23	￥2,337.00	￥1,337.00	￥108.70	￥2,228
4	1003	X3	财务部	2500	14	￥2,866.00	￥1,866.00	￥161.60	￥2,704
5	1004	X4	销售部	2000	8	￥2,372.00	￥1,372.00	￥112.20	￥2,260
6	1005	X5	业务部	3000	9	￥3,351.00	￥2,351.00	￥227.65	￥3,123
17	1016	X16	财务部	3000	54	￥3,086.00	￥2,086.00	￥187.90	￥2,898
18	1017	X17	销售部	2000	16	￥2,334.00	￥1,334.00	￥108.40	￥2,226
19	1018	X18	业务部	2500	49	￥2,921.00	￥1,921.00	￥167.10	￥2,754
20									
21									
22			所在部	总计					
23			人事部	5348					
24			行政部	6338					
25			财务部	10835					
26			销售部	10164					
27			业务部	10211					

图 3-66

第四章　PowerPoint 2003 实训练习

第一部分　基 础 部 分

（素材：文件夹 p1）

实训项目一　演示文稿的建立与修改

一、实训目的

（1）演示文稿的新建。

（2）熟悉不同的视图模式。

二、实训内容

演示文稿的新建（根据“内容提示向导”）。

【实训 4-1-1】

启动 PowerPoint 软件，根据“内容提示向导”新建演示文稿（图 4-1）。

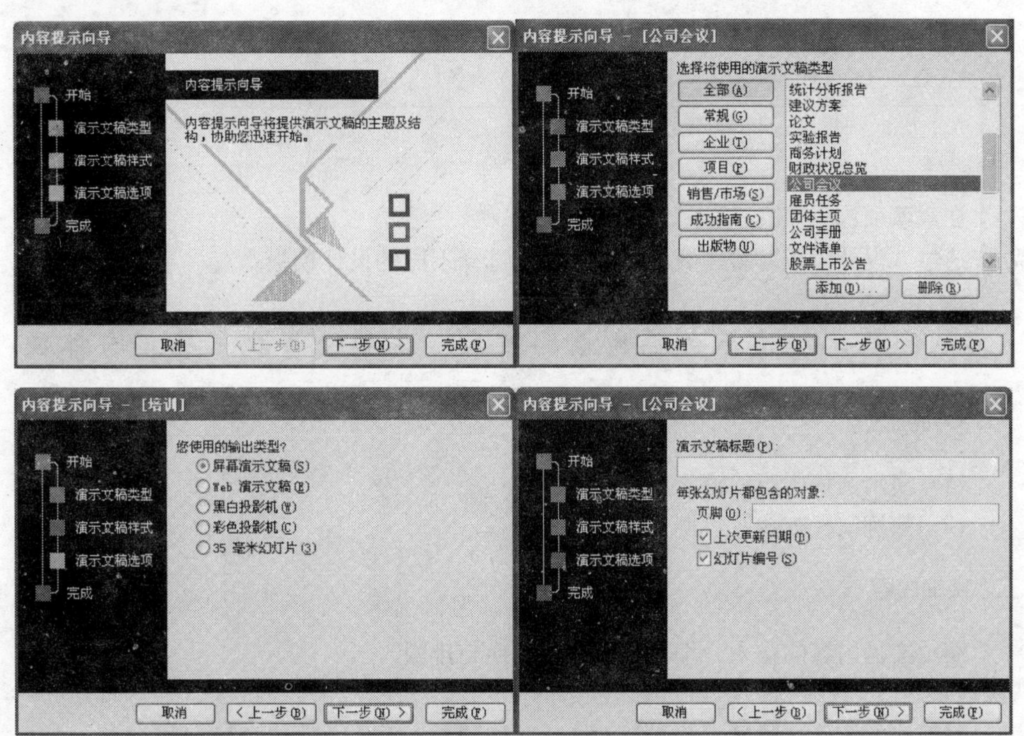

图 4-1

注意事项：

演示文稿新建的快捷键 Ctrl＋N。

演示文稿的新建（根据“设计模板”）。

【实训 4-1-2】

根据“设计模板”新建演示文稿（图 4-2）。

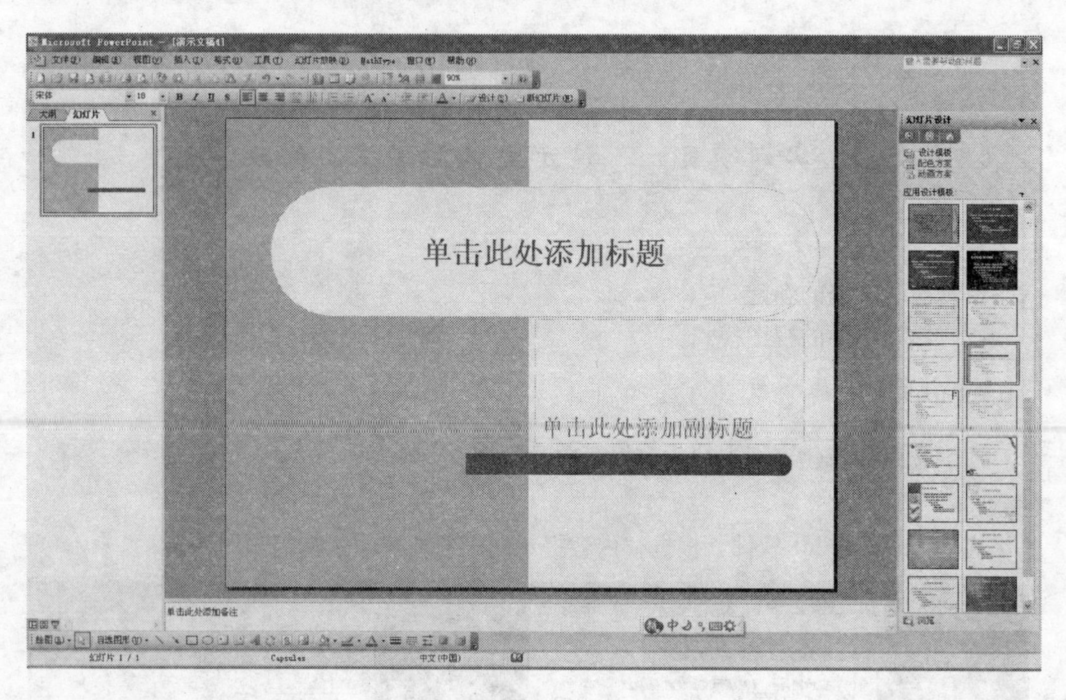

图 4-2

注意事项：

通过“设计模板”新建演示文稿，并能选择不同的设计模板。

实训项目二　演示文稿内容的输入、编辑、查找、替换与排版

一、实训目的

（1）演示文稿内容的输入与编辑。

（2）熟练掌握查找、替换与排版。

二、实训内容

演示文稿内容的输入、编辑、查找、替换与排版。

【实训 4-2-1】

对新建的演示文稿插入 5 张新幻灯片，如图 4-3 所示。

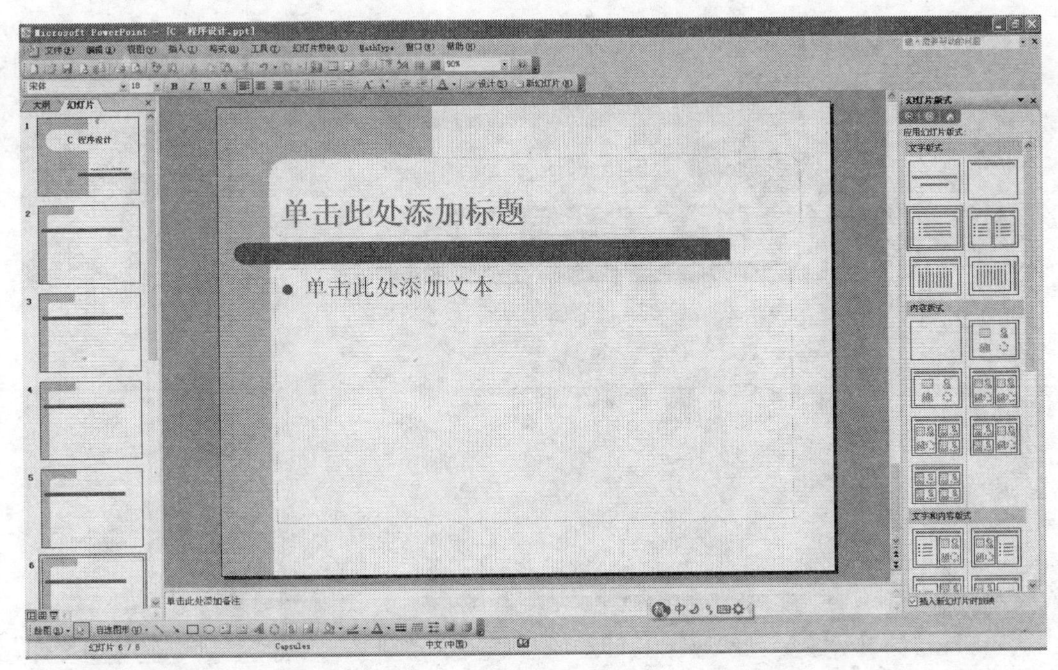

图 4-3

注意事项：

可以通过不同的方法实现幻灯片的插入。

【实训 4-2-2】

按如图 4-4～图 4-9 所示文字，对演示文稿内容进行输入与排版。

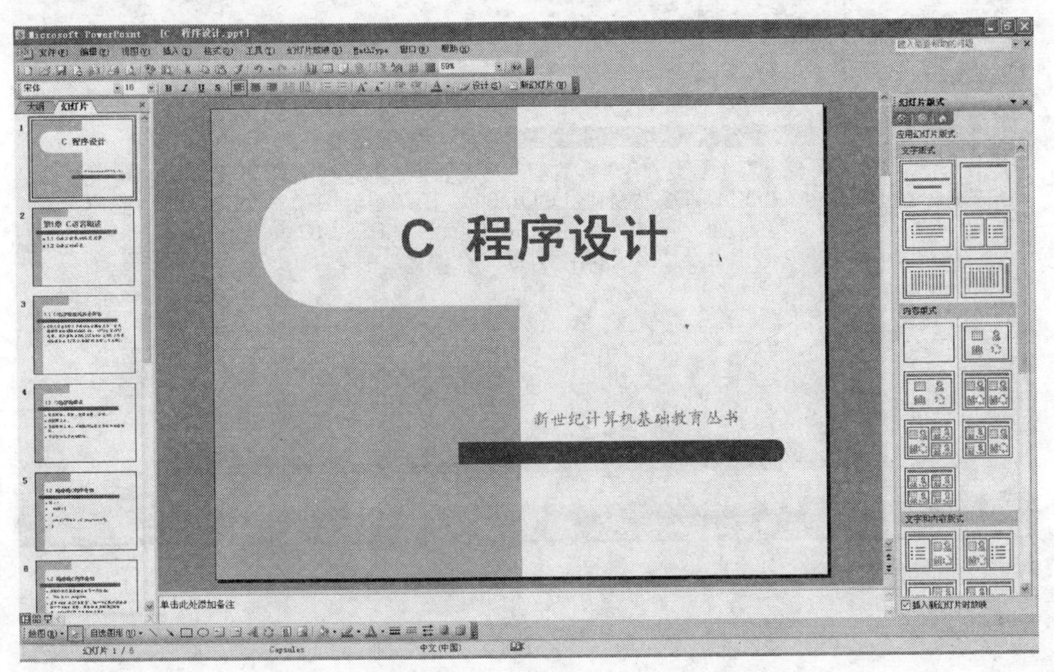

图 4-4

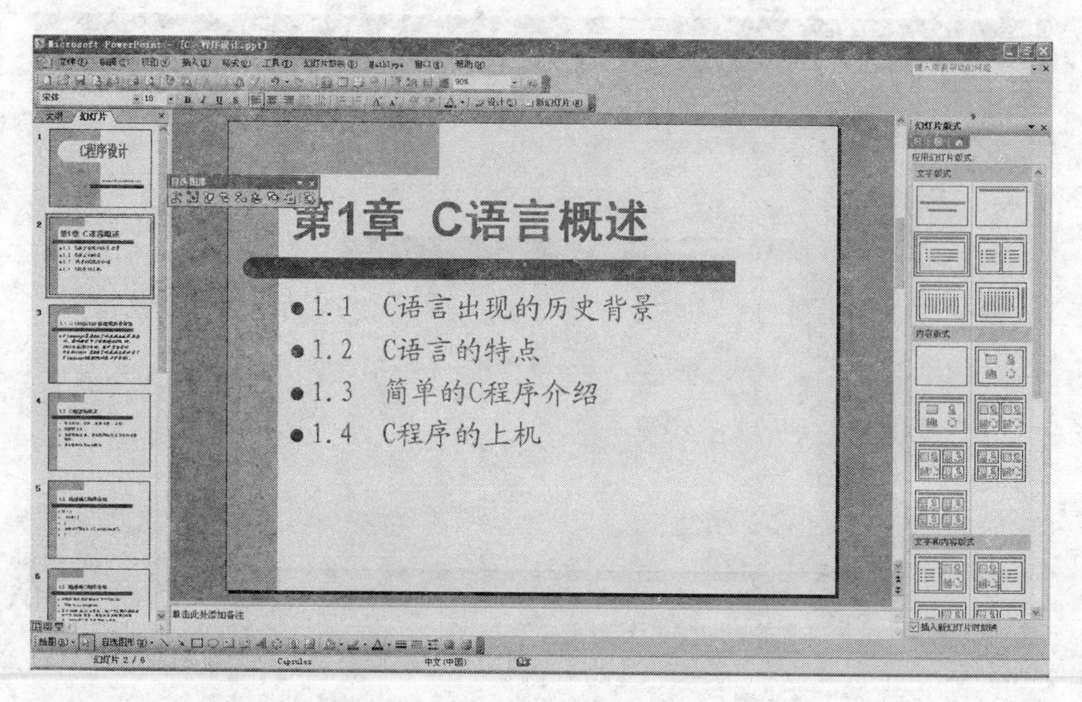
第1章 C语言概述
1.1 C语言出现的历史背景
1.2 C语言的特点
1.3 简单的C程序介绍
1.4 C程序的上机

图 4-5

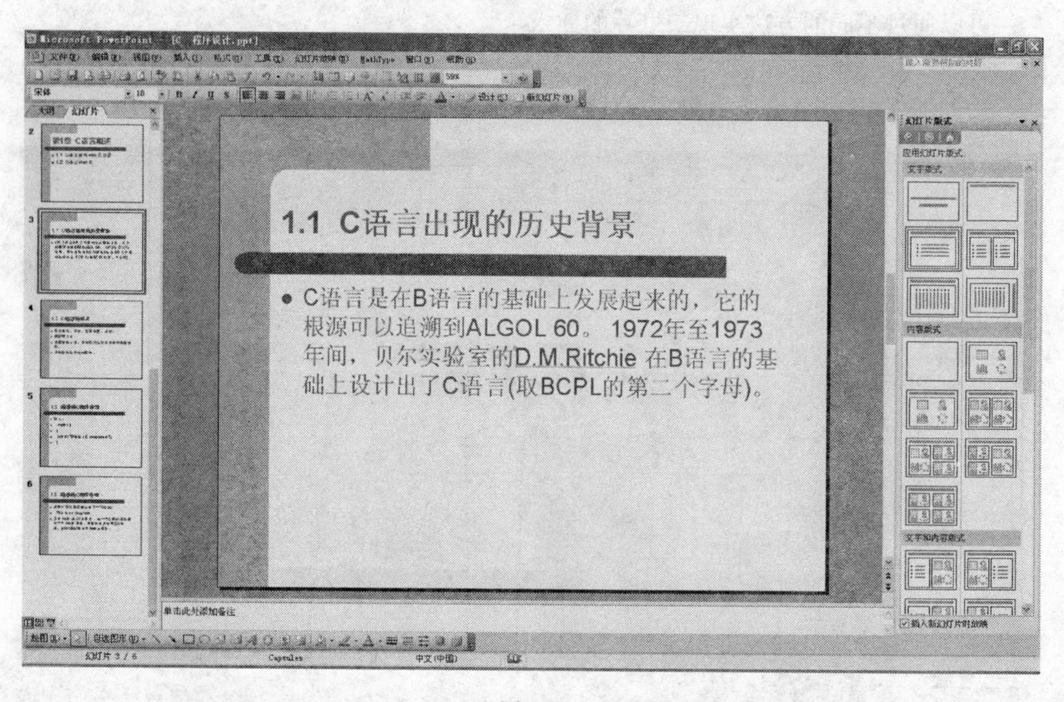
1.1 C语言出现的历史背景
C语言是在B语言的基础上发展起来的，它的根源可以追溯到ALGOL 60。 1972年至1973年间，贝尔实验室的D.M.Ritchie 在B语言的基础上设计出了C语言(取BCPL的第二个字母)。

图 4-6

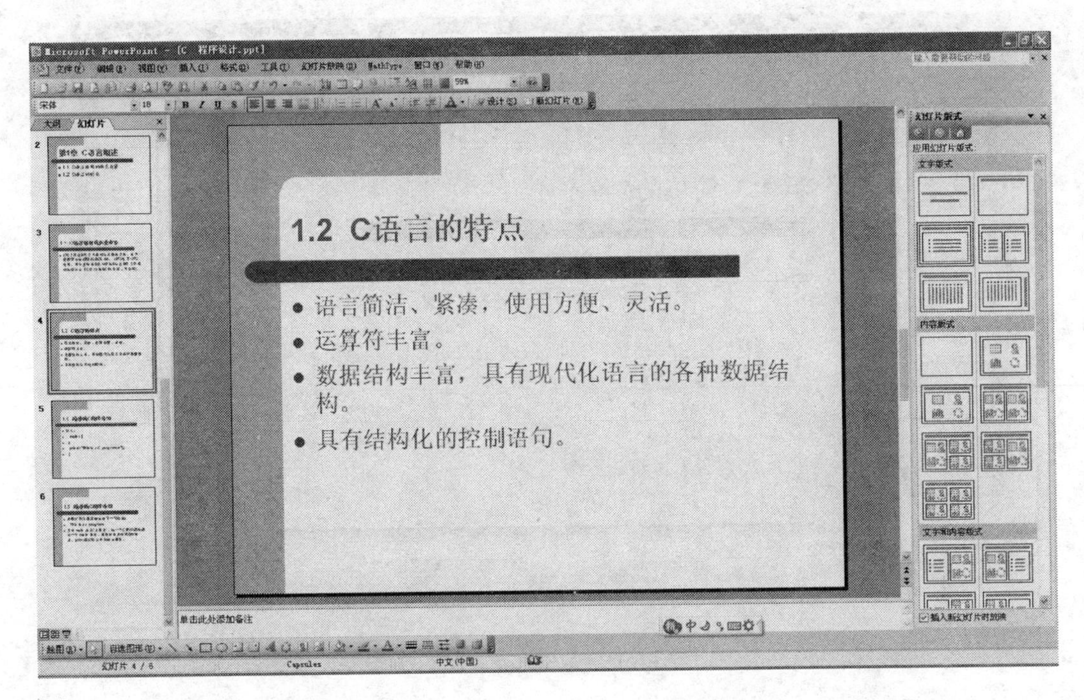
1.2 C语言的特点
语言简洁、紧凑，使用方便、灵活。
运算符丰富。
数据结构丰富，具有现代化语言的各种数据结构。
具有结构化的控制语句。

图 4-7

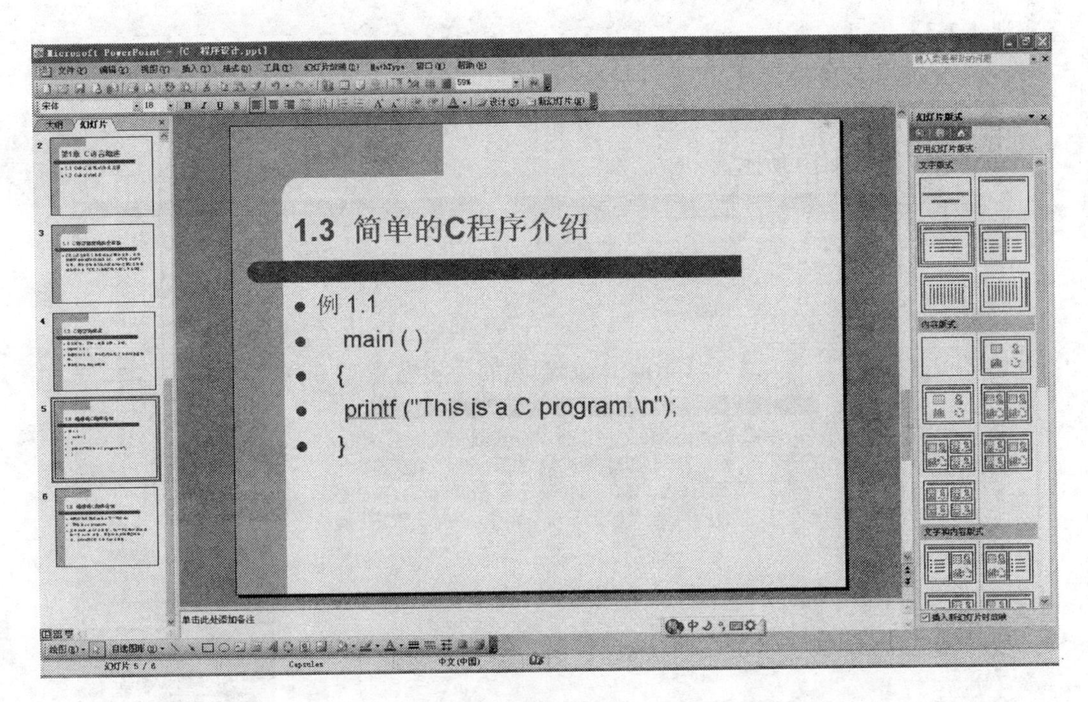
1.3 简单的C程序介绍
例 1.1
main ( )
{
printf ("This is a C program.\n");
}

图 4-8

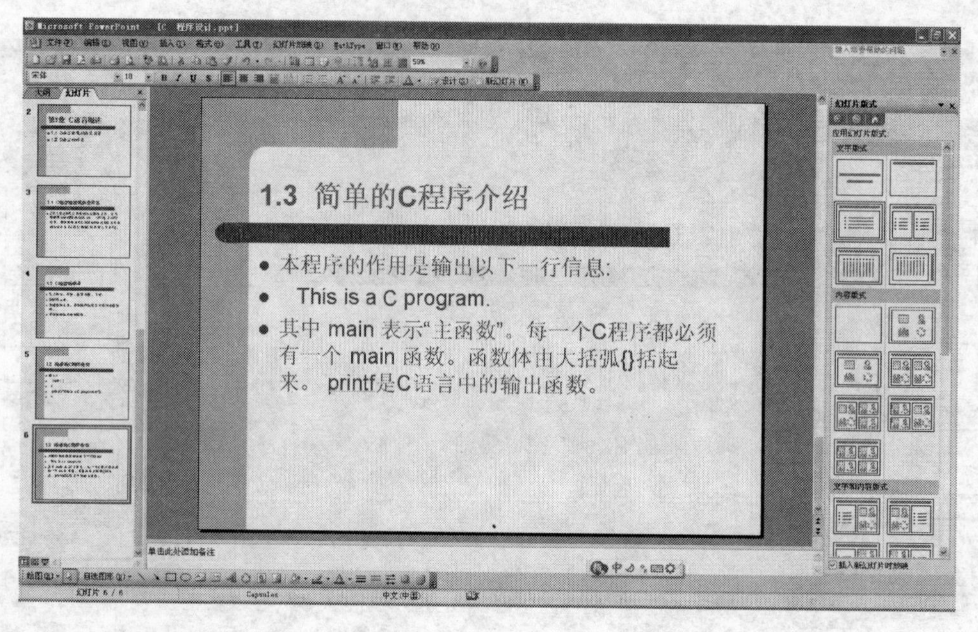

图 4-9

注意事项：

实训知识点：演示文稿内容的输入。

【实训 4-2-3】

内容的查找与替换。

查找演示文稿中"C 程序"三字，并将图 4-6 所示第 3 页中"C 语言"替换为"C Language"，如图 4-10 所示。

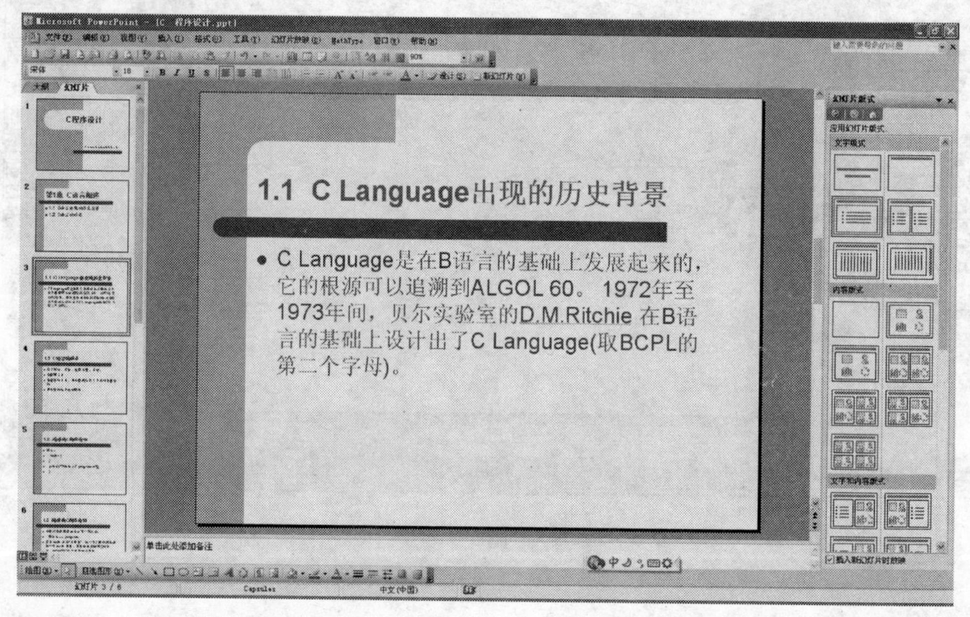

图 4-10

注意事项：

（1）“替换”与“全部替换”的区别。

（2）查找与替换的快捷键。

实训项目三　演示文稿中幻灯片的插入、复制、移动、隐藏、删除

一、实训目的

演示文稿中对幻灯片的操作。

二、实训内容

1. 演示文稿中幻灯片的插入、复制、移动

【实训 4-3-1】

幻灯片的插入、复制、移动。

在实训 4-2-2 演示文稿末尾插入 1 张幻灯片，将该张新插入的幻灯片复制 1 张至末尾，并练习幻灯片的移动。如图 4-11 所示。

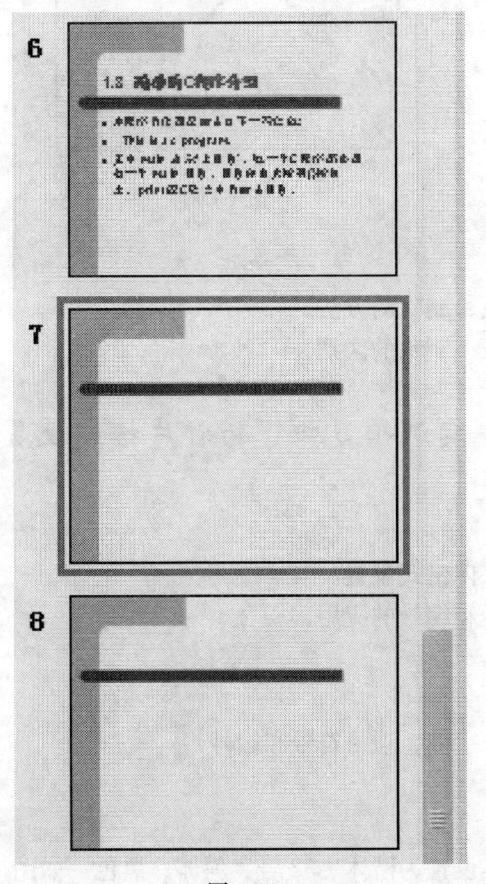

图 4-11

注意事项：

不同的插入、复制、移动的方法的操作。

2. 演示文稿中幻灯片的隐藏、删除

【实训 4-3-2】

幻灯片的隐藏、删除。

练习隐藏/取消隐藏第 7 页幻灯片，并删除第 8 页幻灯片（图 4-12）。

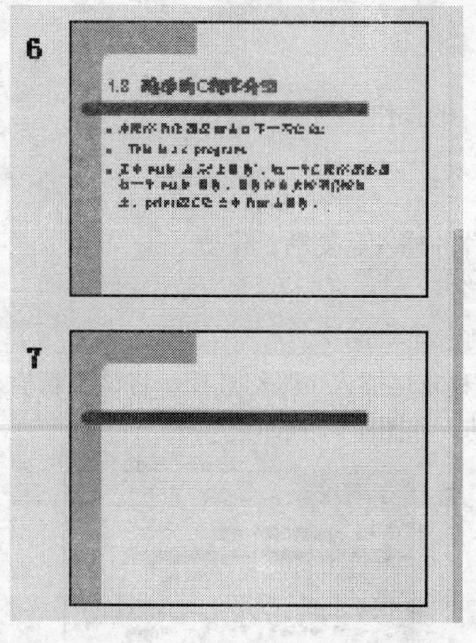

图 4-12

注意事项：

（1）幻灯片的隐藏、删除的方法。

（2）幻灯片的隐藏、删除的区别。

实训项目四　幻灯片格式设置

一、实训目的

（1）掌握幻灯片字体格式设置。

（2）掌握项目符号和编号的应用。

二、实训内容

幻灯片格式设置（字体、项目符号和编号）。

【实训 4-4-1】

字体设置。

将第 3 页文本内容设置为楷体、32 号、斜体、黑色，如图 4-13 所示。

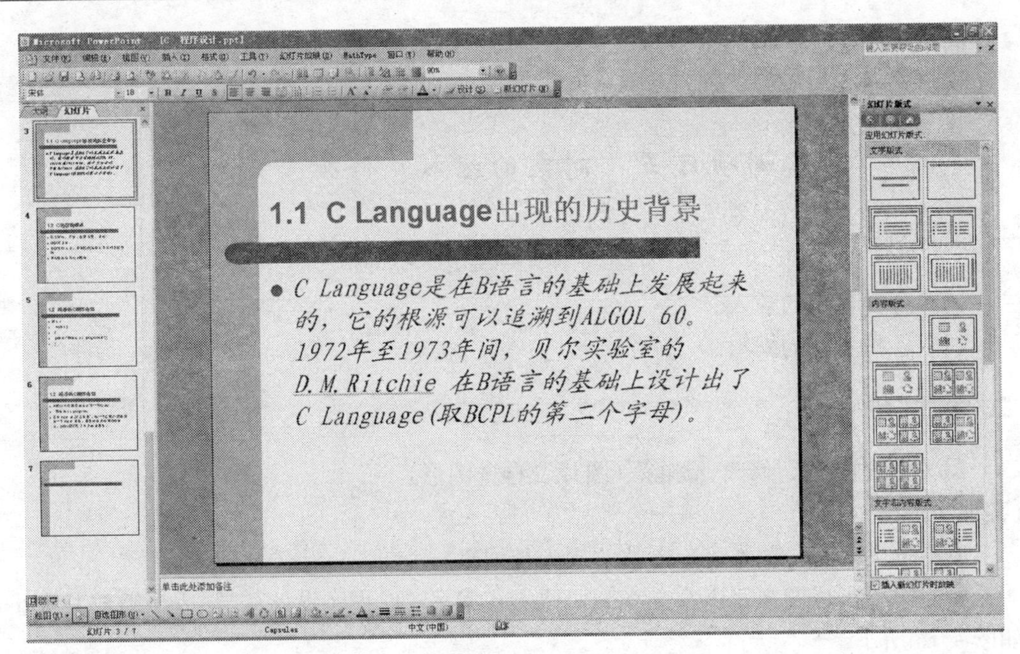

图 4-13

注意事项：

字体的设置方法。

【实训 4-4-2】

项目符号和编号。

为第 4 页文本内容设置项目编号，如图 4-14 所示。

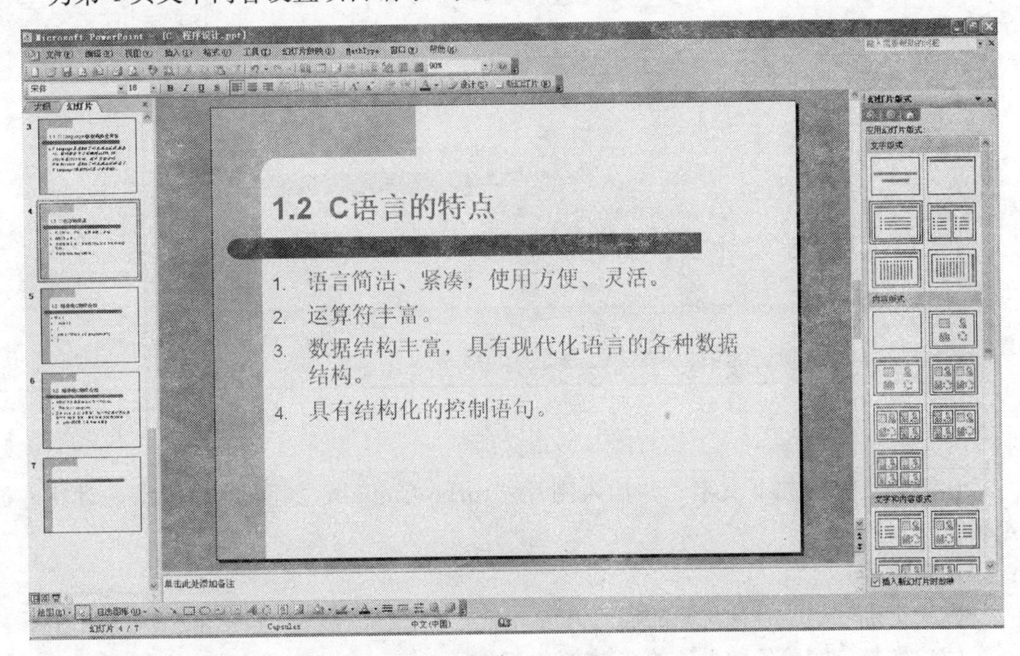

图 4-14

注意事项：

项目符号和编号的设置。

实训项目五　对象的插入、修改、删除

一、实训目的

（1）各种对象的插入。

（2）各种对象的编辑。

二、实训内容

1. 对象的插入、修改、删除（图片、自选图形）

【实训 4-5-1】

文本框的删除，艺术字、图片的插入与编辑。

删除第 1 页标题文字以及文本框，插入艺术字“C 程序设计”，并适当缩放其大小，如图 4-15 所示。

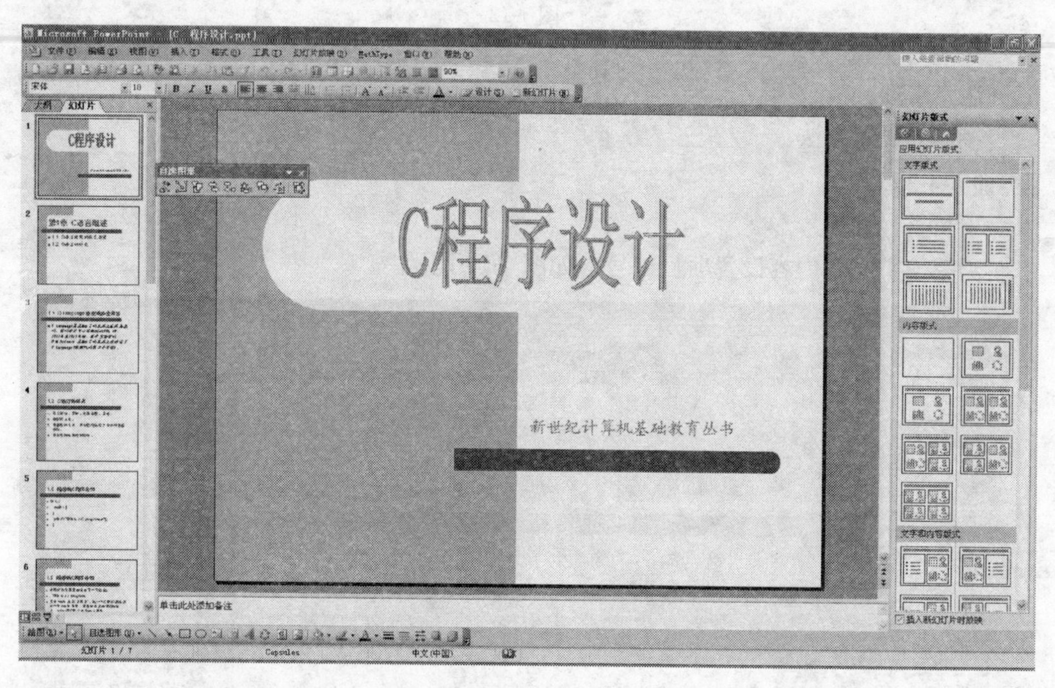

图 4-15

在第 7 页添加如下文字，并插入图片“turbo C. jpg”，如图 4-16 所示，对其进行编辑。

注意事项：

（1）本部分实验各种对象的插入方法。

（2）本部分实验各种对象的编辑方法。

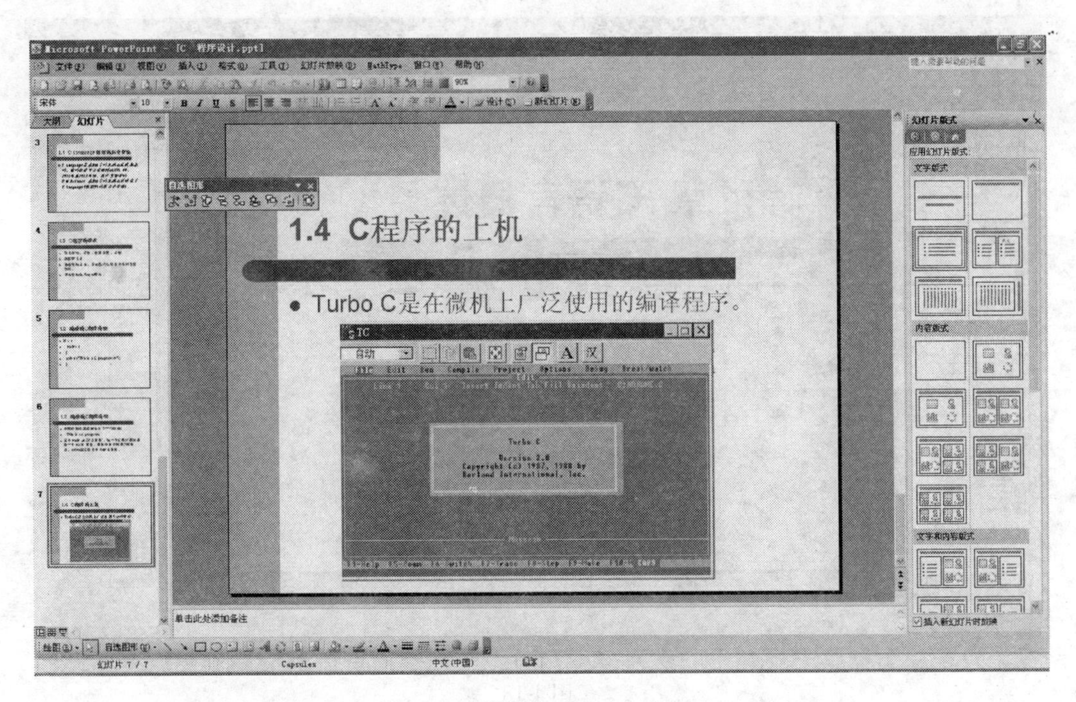

图 4-16

(3) 本部分实验各种对象的删除方法。

2. 超链接的设置及音频的插入

【实训 4-5-2】

超链接的设置，音频的插入。

对第 2 页的文字设置超链接，如图 4-17、图 4-18 所示。

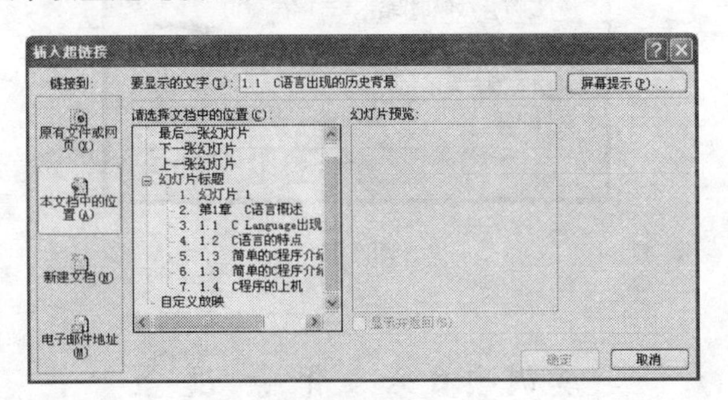

图 4-17

在第 1 页插入音频“明天会更好 . mp3”，设置为“自动播放”，并且在放映时隐藏声音图标，如图 4-19 所示。

注意事项：

(1) 超链接的编辑，音频、视频的插入。

(2) 视频的插入方法与音频类似。

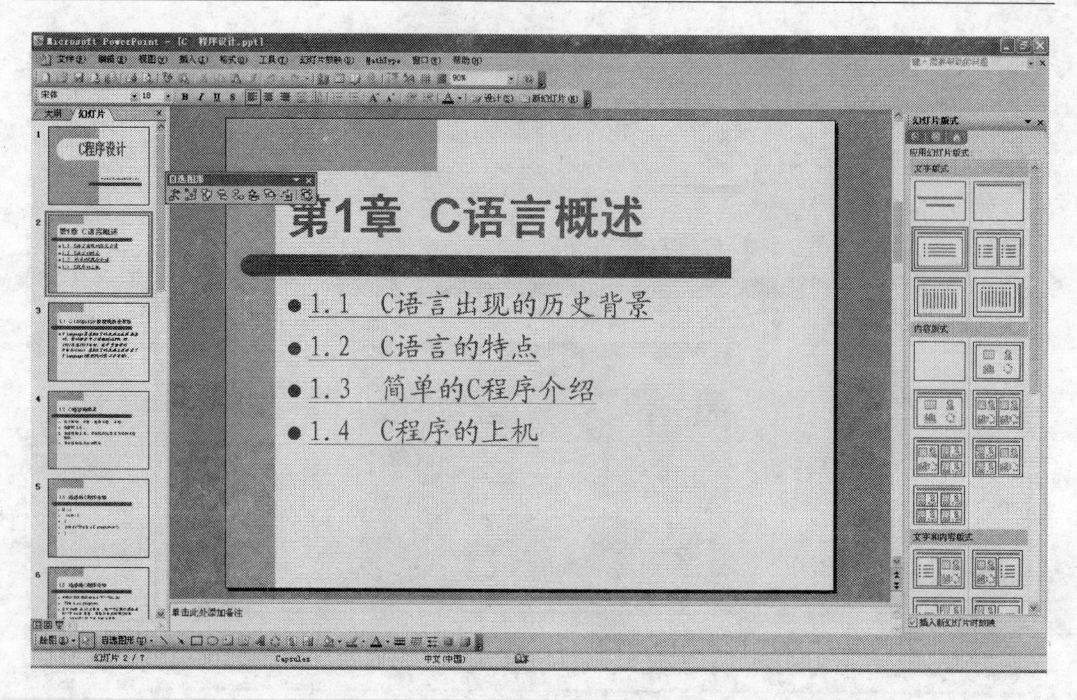

图 4-18

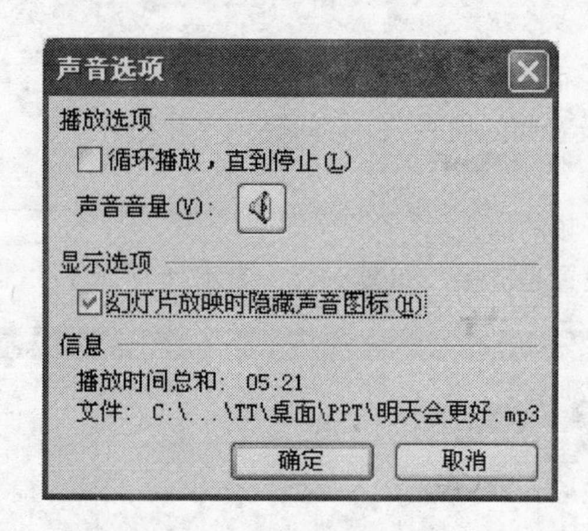

图 4-19

实训项目六 背景设置

一、实训目的

幻灯片背景的设置方法。

二、实训内容

背景设置。

【实训 4-6-1】

幻灯片背景的设置。

将第 2 页幻灯片的背景设置为“再生纸”，如图 4-20、图 4-21 所示。

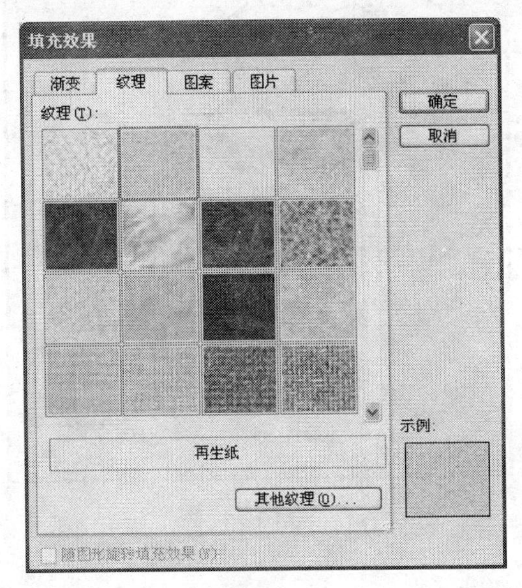

图 4-20

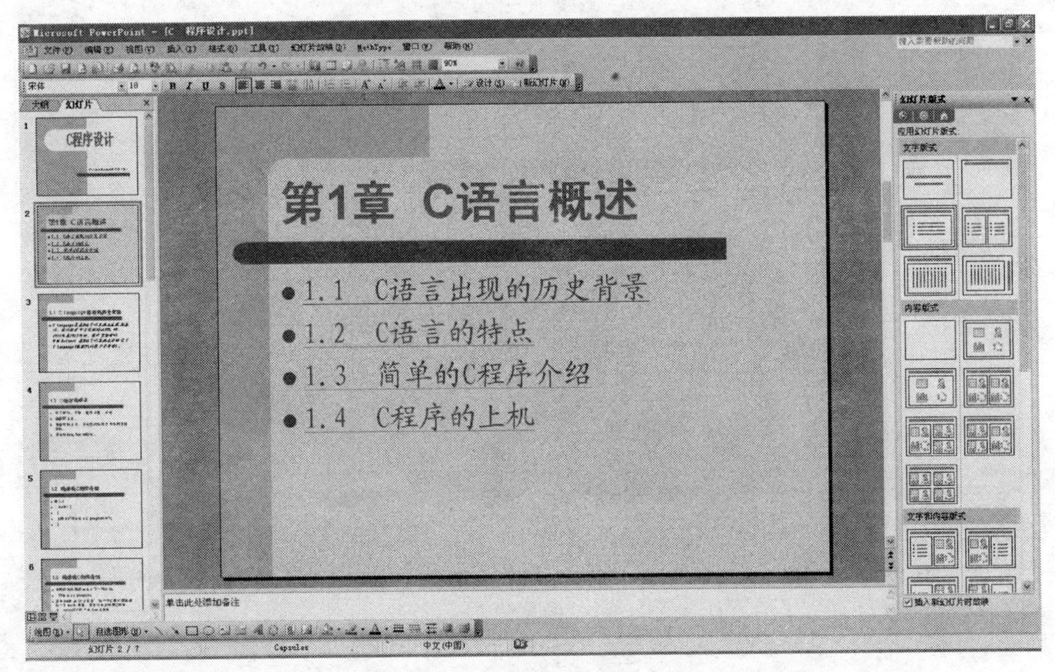

图 4-21

将第 3 页幻灯片的背景设置为图片“a1.jpg”，如图 4-22、图 4-23 所示。

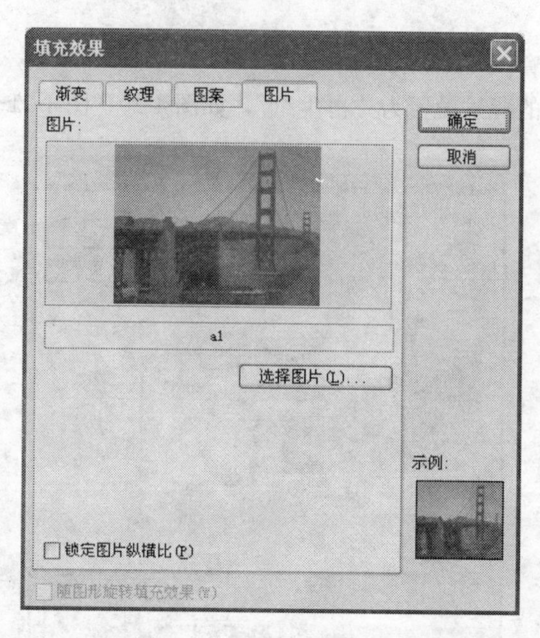

图 4-22

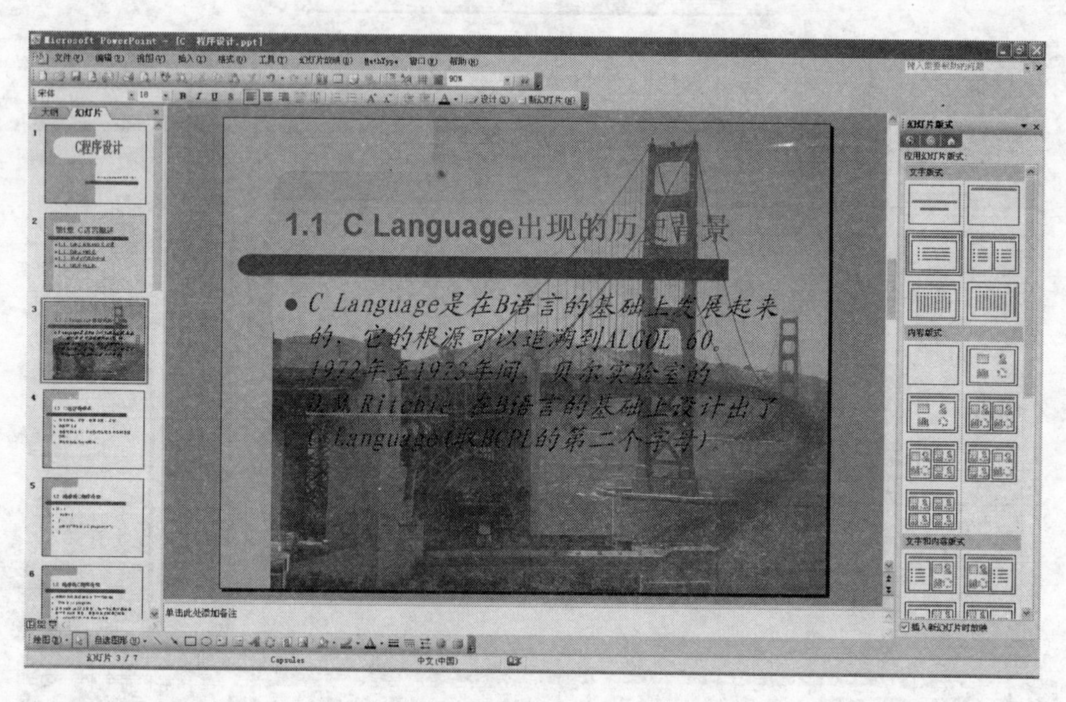

图 4-23

注意事项：

(1) 幻灯片背景的设置。

(2)“应用”与“全部应用”的区别。

实训项目七 演示文稿的保存

一、实训目的

演示文稿的保存方法。

二、实训内容

演示文稿的保存。

【实训 4-7-1】

演示文稿的保存。

将演示文件取名为“C 程序设计 . ppt”，保存在个人文件夹，如图 4-24 所示。

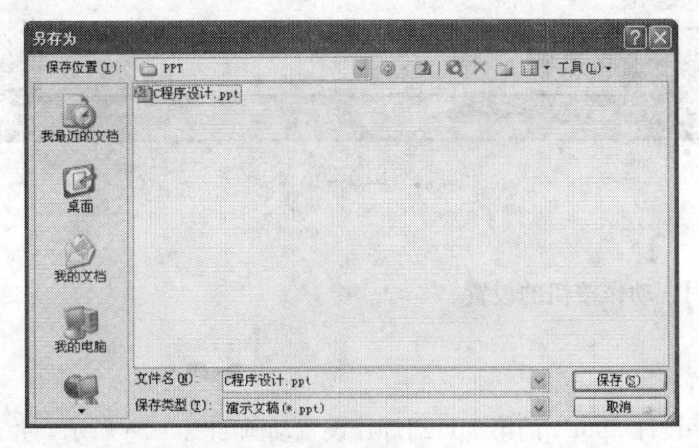

图 4-24

注意事项：

(1) 演示文稿的保存方法。

(2)“保存”与“另存为”的区别。

实训项目八 幻灯片动画的设置

一、实训目的

幻灯片背景的设置方法。

二、实训内容

幻灯片动画的设置（知识点：动作按钮、自定义动画、动画预览、声音设计）。

【实训 4-8-1】

动作按钮的设置。

利用母版，对“C 程序设计 . ppt”的第 2～7 页幻灯片添加链接到第 2 页、上一页、下一页的动作按钮（图 4-25）。

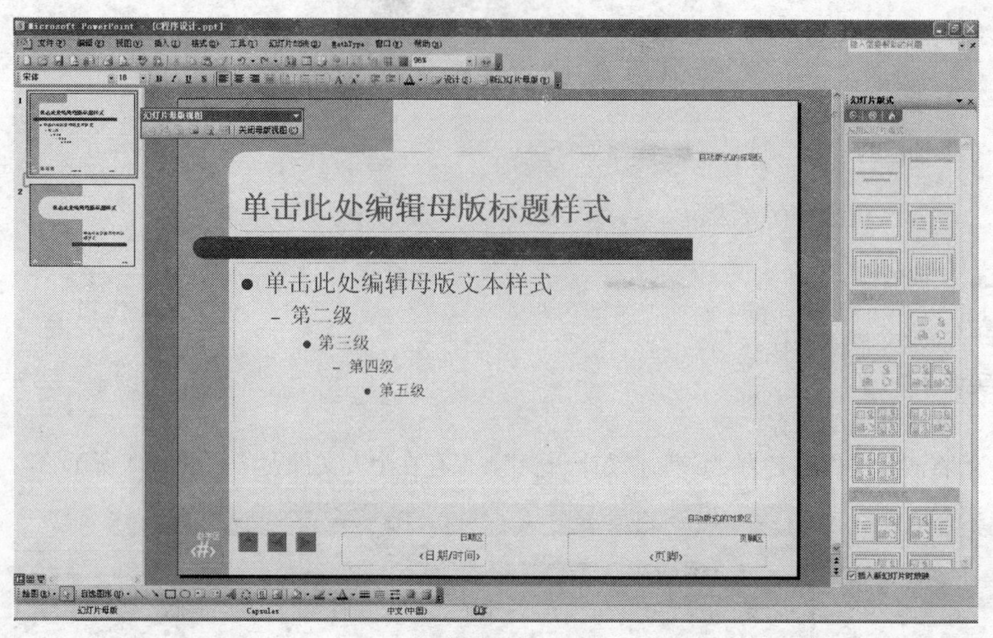

图 4-25

注意事项：

母版的使用、动作按钮的设置。

【实训 4-8-2】

动画的设置。

对“C 程序设计 . ppt”的第 1 页幻灯片设置动画如图 4-26 所示，并预览动画效果。

图 4-26

对“C 程序设计 . ppt”的第 2 页文字，设置动画如图 4-27 所示，并预览动画效果。

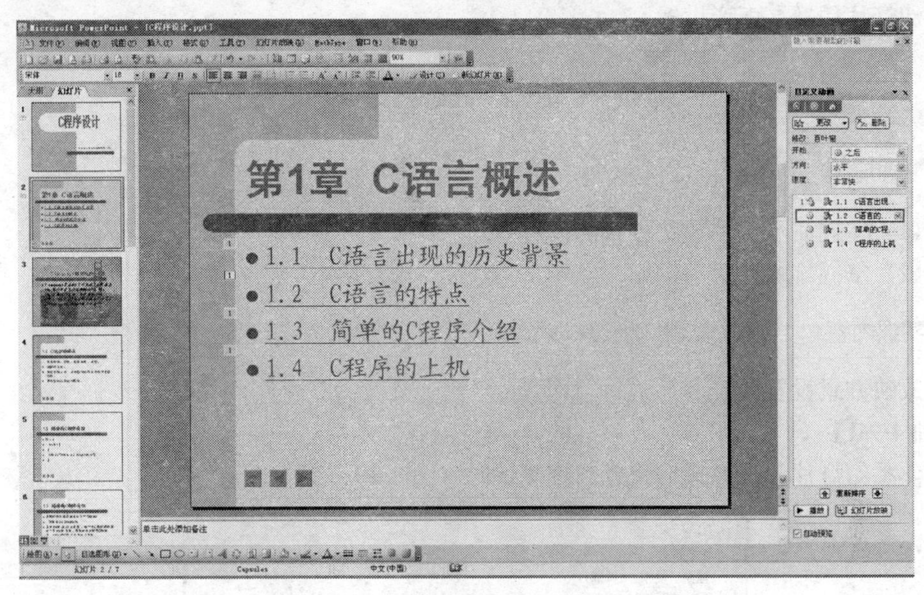

图 4-27

注意事项：

（1）动画的设置方法。

（2）注意“开始”、“方向”、“速度”。

【实训 4-8-3】

幻灯片切换与声音设置。

对幻灯片设置切换效果，并设置切换声音（图 4-28）。

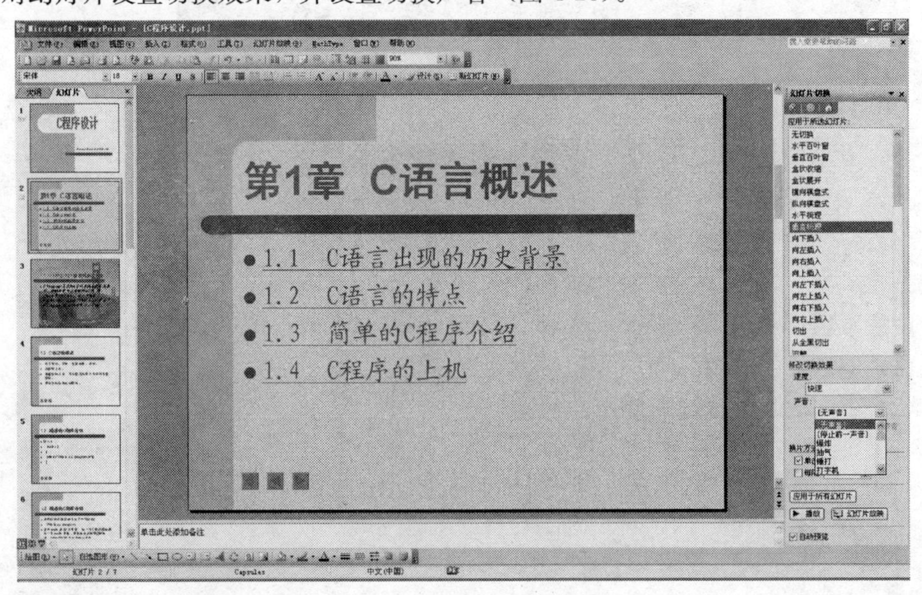

图 4-28

注意事项：

幻灯片切换、声音设置。

实训项目九　放映方式设置

一、实训目的

（1）掌握演示文稿放映方式的设置。
（2）掌握排练计时。

二、实训内容

放映方式设置。

【实训 4-9-1】

熟悉幻灯片放映方式的设置与排练计时（图 4-29、图 4-30）。

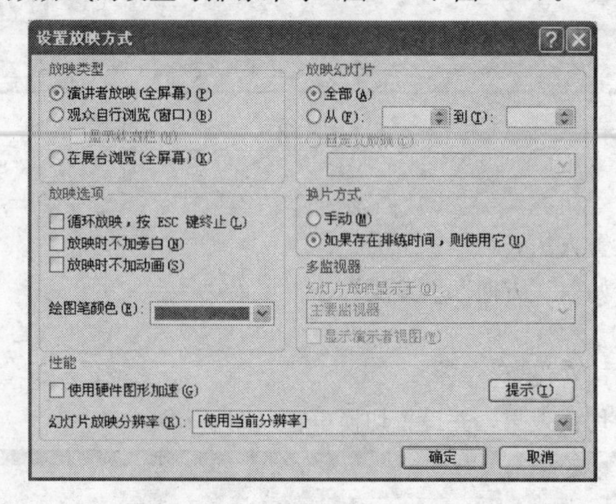

图 4-29

图 4-30

注意事项：

（1）幻灯片的放映。
（2）不同放映快捷键的使用。

第二部分　PowerPoint 综合实训

综合实训一

自我介绍（素材：文件夹 p2），如图 4-31 所示。

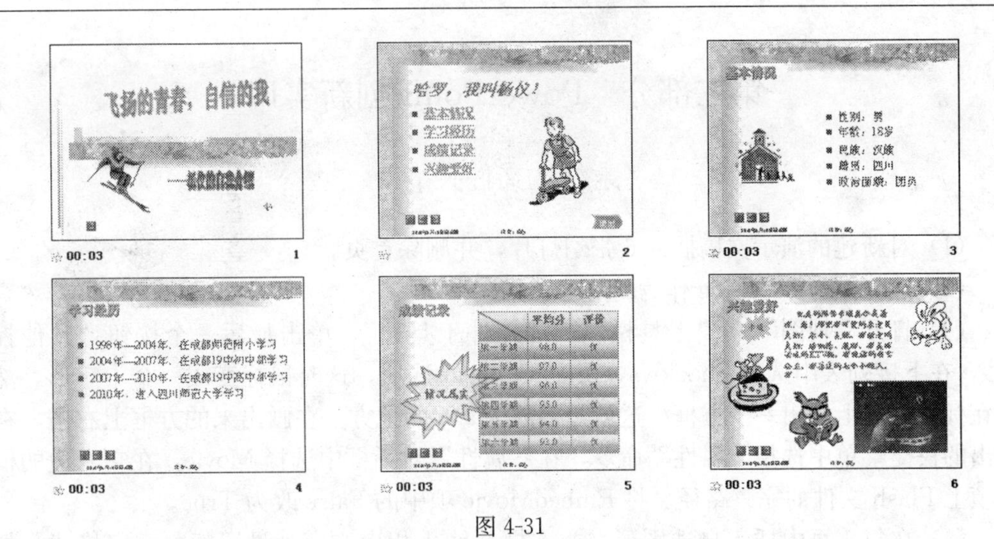

图 4-31

(1) 新建演示文稿，并添加 6 张幻灯片，选择幻灯片设计模板。

(2) 选择“视图→母版→幻灯片母版”命令，在母版中添加动作按钮、页脚。

(3) 在第 1 页插入艺术字和剪贴画，并对其设置动画。

(4) 在第 2 页添加相应文字、剪贴画，设置动画，并设置超链接。

(5) 在第 3、4 页添加相应文字、剪贴画，设置动画。

(6) 在第 5 页插入自选图形及表格，对其格式进行设置，并设置动画。

(7) 在第 6 页插入视频、图片。

综合实训二

iPhone（素材：文件夹 p3），如图 4-32 所示。

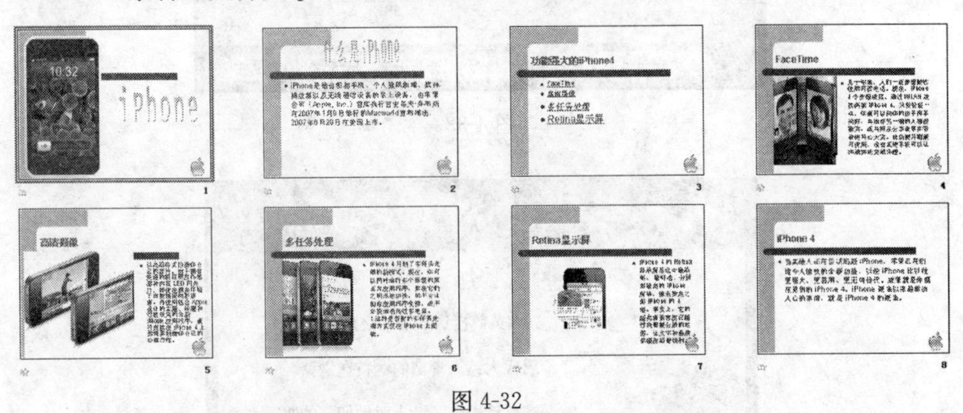

图 4-32

(1) 打开“iPhone 模板 . ppt”文件。

(2) 添加 7 张幻灯片文件。

(3) 选择“视图→母版→幻灯片母版”命令，在母版中插入图片，并设置动画。

(4) 在每页中插入相应艺术字、图片、文字，并设置动画。

(5) 在第 3 页中设置超链接。

第三部分　PowerPoint 创新实训

（素材：文件夹 p4）

（1）对新建的演示文稿插入 6 张幻灯片，并删除首页。

（2）选择图片 back. jpg 作为幻灯片背景图片。

（3）打开“视图”→“工具栏”→“控件工具箱”，单击最后一个按钮“其他控件”，在下接列表中选择 Shockwave Flash Object 选项，这时鼠标变成一个十字形，然后在标题位置上画出一个方框，这就是播放 Flash 的地方。在画出来的方框上右击，在弹出的快捷菜单中选择“属性”命令，在“属性”对话框中选择 Movie，在它右边的框里填上 Flash 文件的完整路径。将 EmbedMovie 项中的 False 改为 True。

（4）在每一页中插入自选图形、文本框并输入相应文字，设置相关文字格式，如图 4-33～图 4-38 所示。

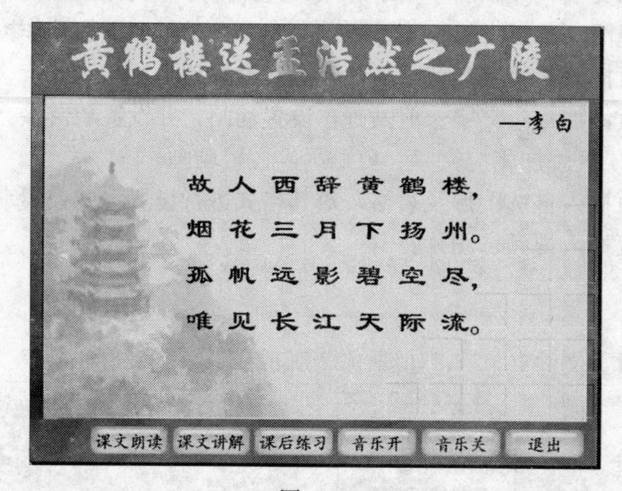

图 4-33

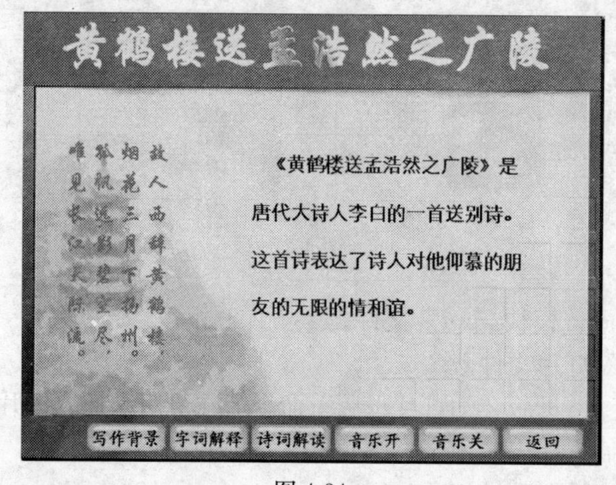

图 4-34

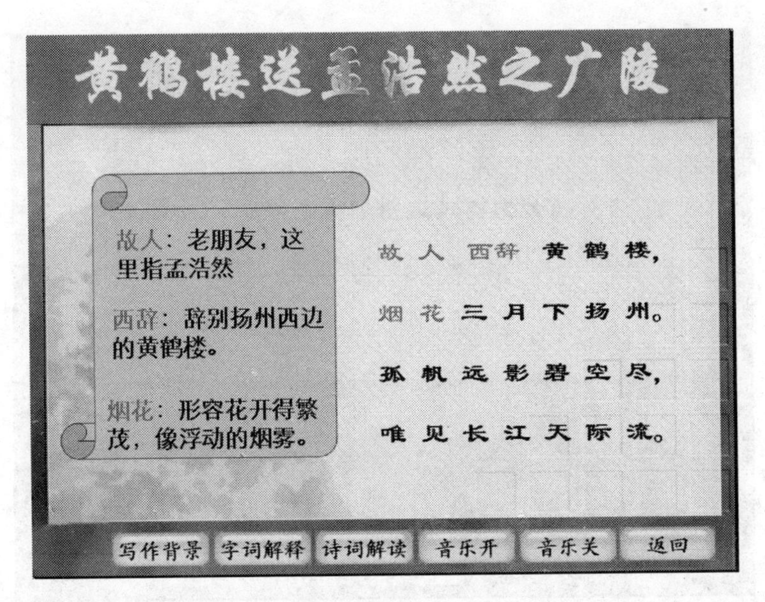

图 4-35

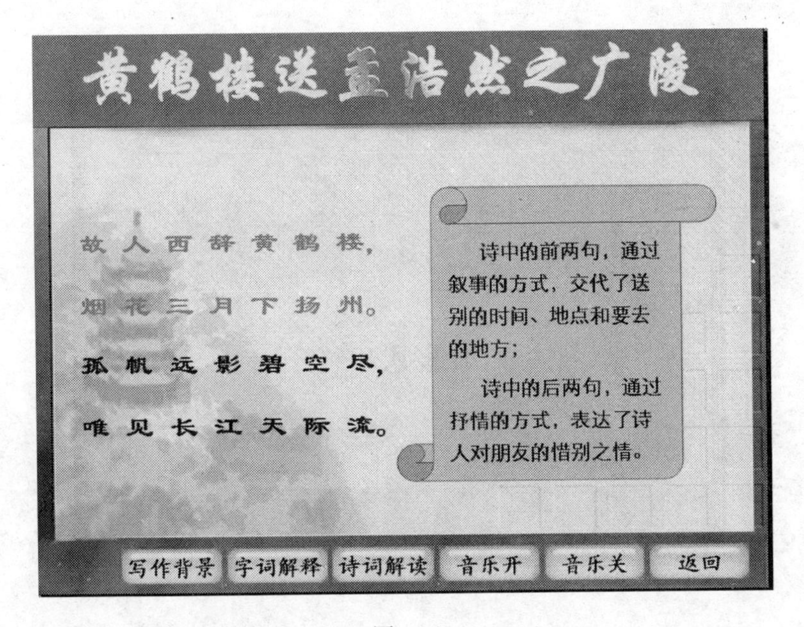

图 4-36

（5）对第 2 页、第 6 页文字设置相应动画。

（6）在每一页底部添加相应自选图形，并输入相应文字，如图 4-33～图 4-37 所示。

（7）对除“音乐开”、“音乐关”、“课文朗读”之外的自选图形设置超链接。

（8）编辑音频。①单击“插入”→“影片和声音”→“文件中的声音”命令，在相应的页面导入文件夹中三个音频文件，导入声音文件后会出现一个提示，在是否需要在

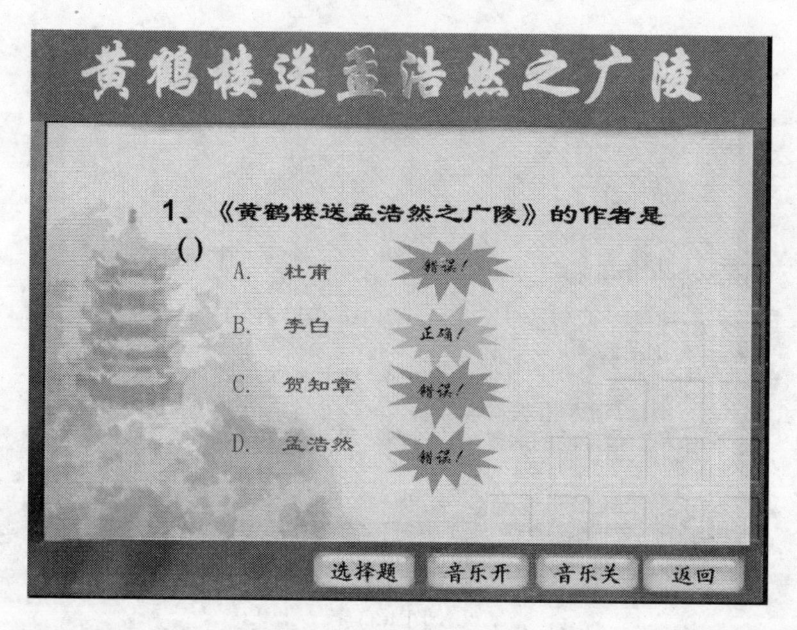

图 4-37

图 4-38

幻灯片放映时自动播放声音，选择“否”。②单击“幻灯片放映”→“动作按钮”→“自定义按钮”命令，在幻灯片中拖出三个按钮，在出现的“动作设置”对话框中设置为“无动作”。分别选择两个按钮，在右键菜单中选择“编辑文本”命令，为按钮分别加上文字：音乐开、音乐关。③将声音文件播放控制设定为用播放按钮控制。选择幻灯片中的小喇叭图标，单击“幻灯片放映”→“自定义动画”命令，在幻灯片右侧出现“自定义动画”窗格，可以看到背景音乐已经加入“自定义动画”窗格中，双击有小鼠标的那一格，出现“播放声音”设置对话框，选择“计时”标签，在“单击下列对象时启动效果”右侧的下拉框选择触发对象为“播放按钮”，单击“确定”按钮。④将声音暂停控制设定为用暂停按钮控制。继续选择小喇叭图标，在“自定义动画”窗格单击“添加效果/声音操作/暂停”。⑤在“自定义动画”窗格下方出现了暂停控制格，双击控制格，出现“暂停声音”设置对话框，单击“触发器”按钮，在“单击下列对象时启动效果”右侧的下拉框中，选择触发对象为“暂停”按钮，单击“确定”按钮。

（9）参考图 4-39、图 4-40 在第 3、4 页设置触发器。

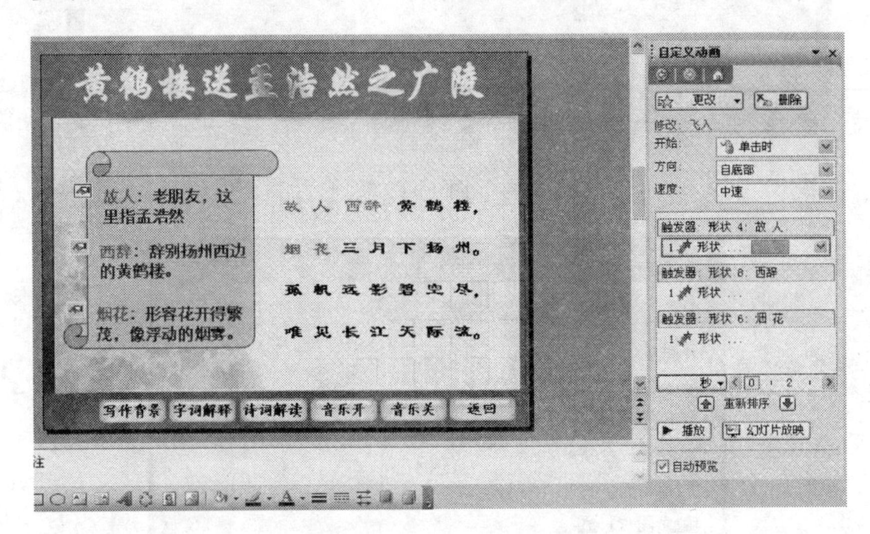

图 4-39

（10）参考图 4-41、图 4-42 在第 5 页设置触发器。

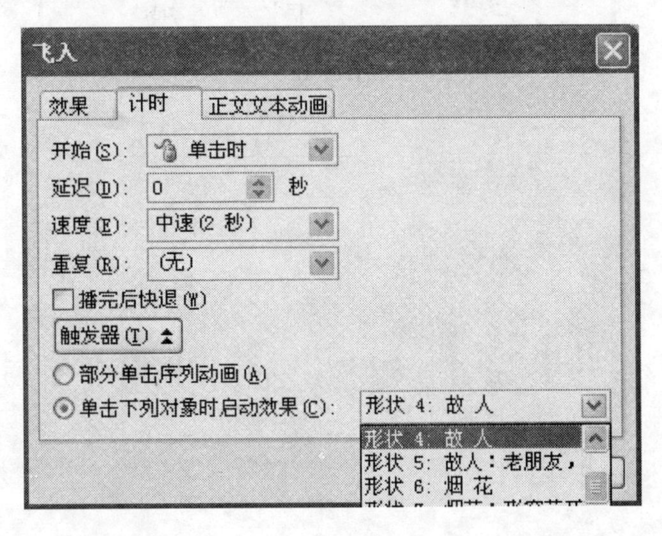

图 4-40

黄鹤楼送孟浩然之广陵
1、《黄鹤楼送孟浩然之广陵》的作者是
()
A. 杜甫
B. 李白
C. 贺知章
D. 孟浩然
错误!
正确!
错误!
错误!
选择题
音乐开
音乐关
返回
自定义动画
更改
删除
修改: 飞入
开始:
单击时
方向
自右侧
速度
非常快
触发器: 形状 4: A. 杜甫
1 爆炸 ...
触发器: 形状 3: B. 李白
1 爆炸 ...
触发器: 形状 5: C. 贺...
1 爆炸 ...
触发器: 形状 6: D. 孟...
重新排序
播放
幻灯片放映

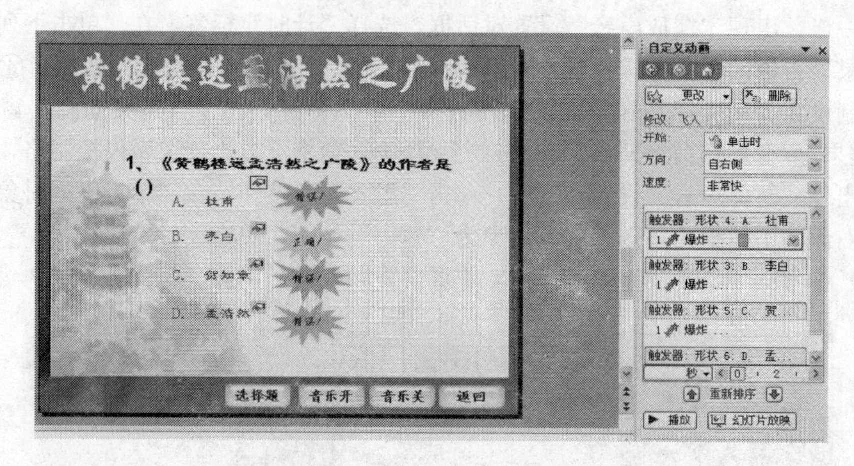

图 4-41

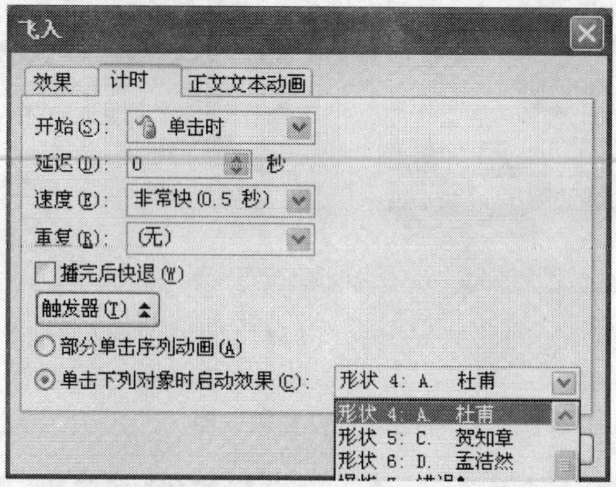

飞入
效果
计时
正文文本动画
开始(S): 单击时
延迟(D): 0 秒
速度(E): 非常快(0.5 秒)
重复(R): (无)
播完后快退(W)
触发器(T)
部分单击序列动画(A)
单击下列对象时启动效果(C): 形状 4: A. 杜甫
形状 4: A. 杜甫
形状 5: C. 贺知章
形状 6: D. 孟浩然

图 4-42

第五章　Photoshop 实训练习

实训项目一　Photoshop 选区及基本操作

一、实训目的

（1）选区的创建与选区变化。

（2）选区的保存与载入。

（3）图像的各种变形操作以及复制、粘贴、粘贴入。

二、实训内容

【实训 5-1-1】

根据“光盘.jpg”和“漫画.jpg”素材，制作光盘封面。

实训步骤：

（1）选区的创建与选区变化。

第一步：选择“文件”→“打开”命令，在打开的对话框中选择“光盘.jpg”素材。

第二步：用椭圆形选择工具将光盘的内环选中，如图 5-1 所示。

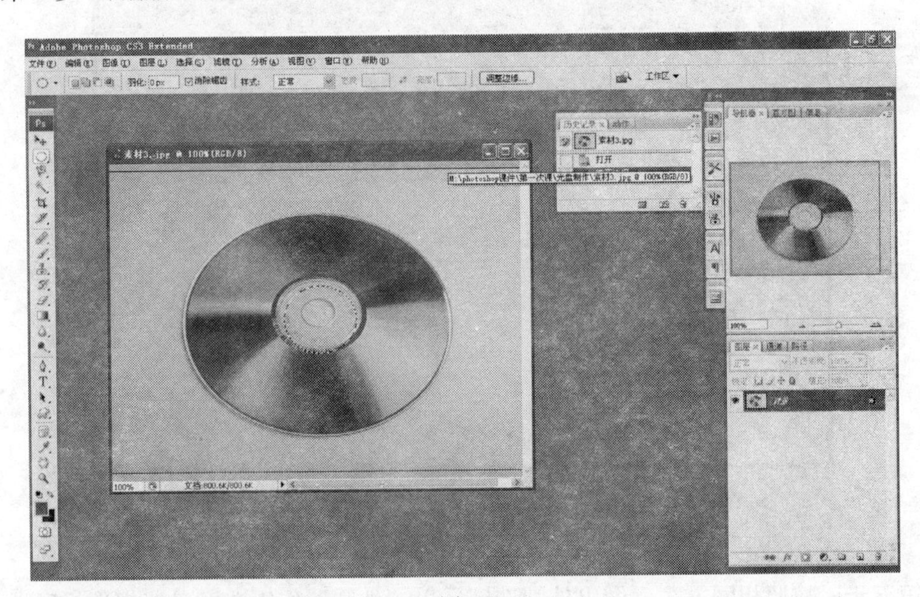

图 5-1

第三步：用鼠标拖动进行工作区域选择，很难一次恰好选中，因此利用“选择”→“变化选区”命令，对选区进行调整，如图 5-2 所示。

图 5-2

（2）选区的保存与载入。

第四步：使用“选择”→“存储选区”命令，以“内圆”作为选区名，把选择区域保存在通道中，按 Ctrl+D 键取消当前选择区域，如图 5-3 所示。

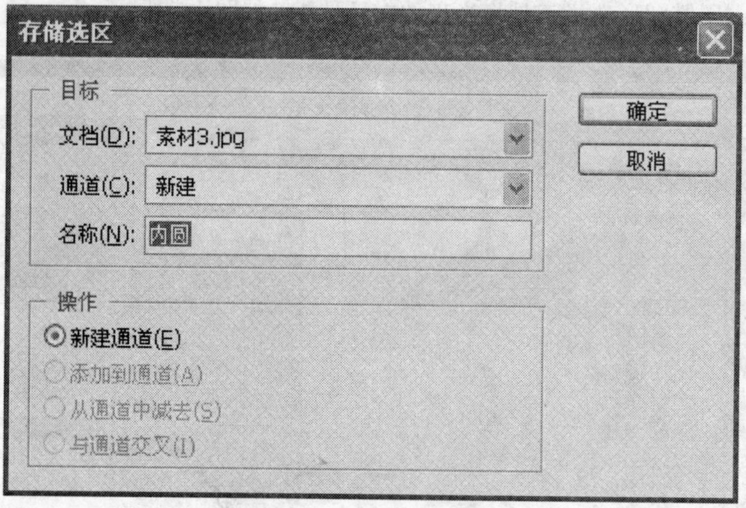

图 5-3

第五步：按照相同方式，做出外圆选区，以“外圆”作为选区名，把选择区域保存在通道中。

第六步：使用“选择”→“载入选区”命令，将“外圆”以“新建通道”方式载入到图像中；然后使用“选择”→“载入选区”命令，将“内圆”以“从选区中减去”方式载入到图像中，经过此操作，得到经过相减的光盘区域，如图 5-4～图 5-6 所示。

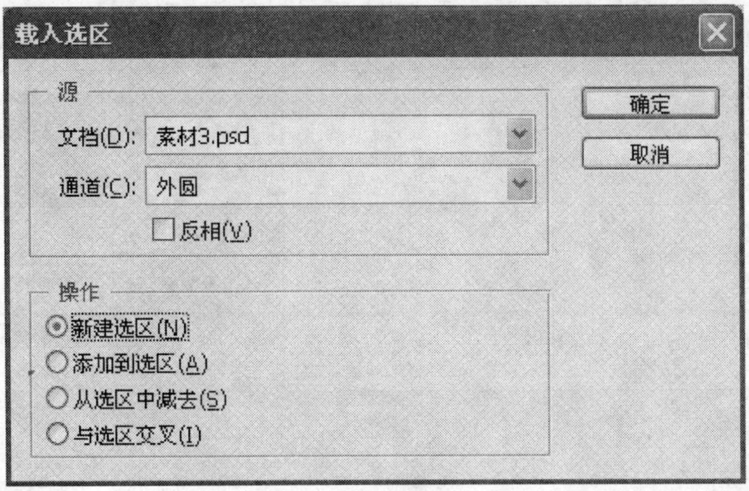

图 5-4

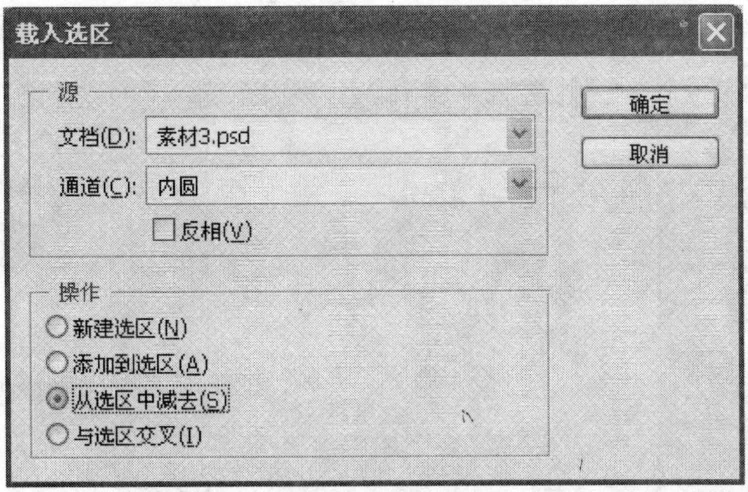

图 5-5

(3) 图像的各种变形操作以及复制、粘贴、粘贴入。

第七步：选择“文件”→“打开”命令，选择“漫画.jpg”素材，将素材打开，按 Ctrl+A 键把图像全部选中，选择“编辑”→“拷贝”命令把选择区域内的图像复制到剪贴板中；再次激活光盘文件窗口，选择“编辑”→“贴入”命令，把复制的图像粘贴到选择区域中，如图 5-7 所示。

第八步：利用“编辑”→“自由变化”命令，对复制的图像进行适当的缩放，完成光盘制作，如图 5-8 所示。

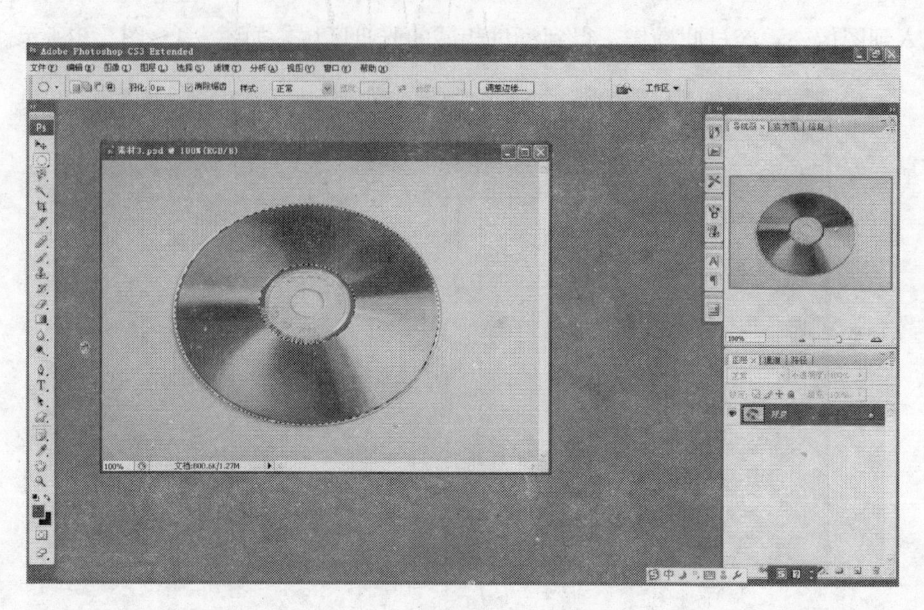

图 5-6

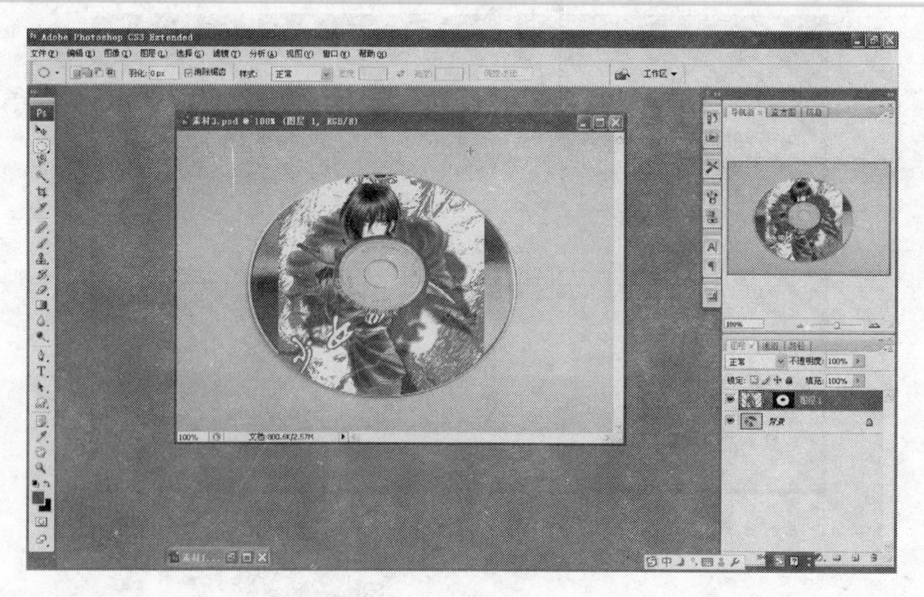

图 5-7

注意事项：

（1）实训知识点：选区的创建与基本操作；图层选区对象的基本操作。

（2）操作提示：①对选区的移动不能用移动工具，只能随便选中某种选择工具，然后将工具放在选区内部鼠标呈现虚框状态，才能移动选区；对选区的变形只能用“选择”→“变化选区”命令，不能用“编辑”中的“变化”命令。②对选区内选中的图像要进行移动需要用移动工具，对选区内选中的图像进行变化，则要用“编辑”→“变

图 5-8

化”命令，注意图像和选区的区别。

(3) 操作技巧：选择“编辑”→“变化”命令，或用 Ctrl+T 快捷键，对某个图层全选可以用 Ctrl+A 快捷键。

实训项目二　Photoshop 文字及图层样式应用

一、实训目的

(1) 照片滤镜的使用。

(2) 文字工具的使用。

(3) 图层样式的设置。

二、实训内容

【实训 5-2-1】

利用文字工具和图层样式制作平滑玻璃上的文字。

实训步骤：

(1) 照片滤镜的使用。

第一步：选择“文件”→“打开”命令，在打开的对话框中选择“雨点 .jpg”素材。

第二步：选择“图像”→“调整”→“照片滤镜”命令，使用“降温滤镜 (80)”，对图像增加蓝色的冷色调，如图 5-9 所示。

(2) 文字的添加和设置。

第三步：选择文字工具，设置字体为 Arial Black 字体，输入文字，形成新的文字

图 5-9

图层，用移动工具调整文字的显示位置，如图 5-10 所示。

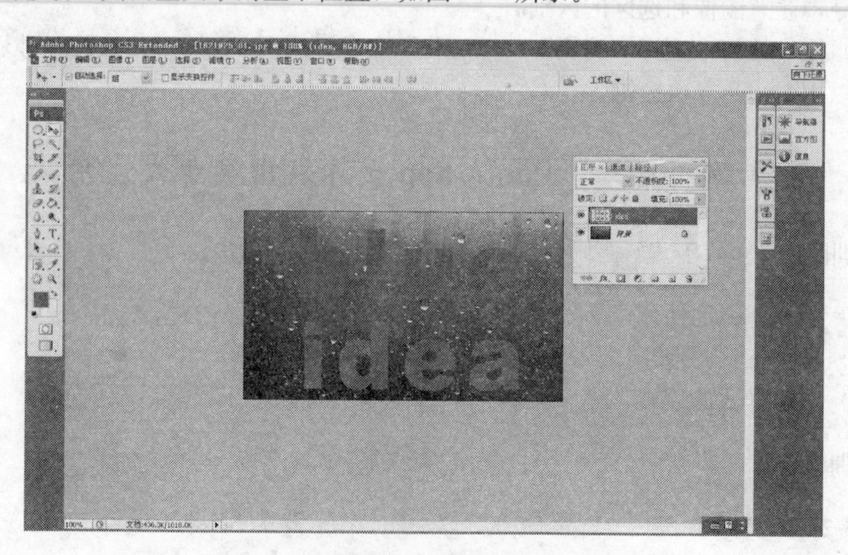

图 5-10

（3）图层样式的设置。

第四步：在图层面板中选中文字图层，利用“图层”→“栅格化”命令，将文字图层转换为普通图层。

第五步：在图层面板中单击“图层样式”按钮，为文字图层添加混合选项图层样式，将填充不透明度设置为 0。

第六步：添加投影样式，参数设置如图 5-11 所示。

第七步：添加内阴影图层样式，参数设置如图 5-12 所示。

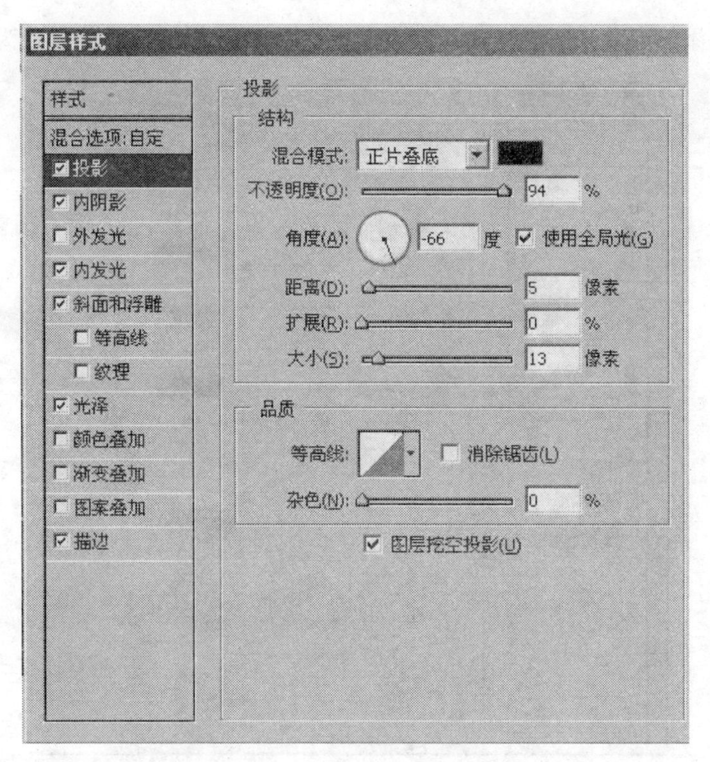
图层样式
样式
混合选项:自定
投影
内阴影
外发光
内发光
斜面和浮雕
等高线
纹理
光泽
颜色叠加
渐变叠加
图案叠加
描边
投影
结构
混合模式: 正片叠底
不透明度(O): 94 %
角度(A): -66 度 使用全局光(G)
距离(D): 5 像素
扩展(R): 0 %
大小(S): 13 像素
品质
等高线: 消除锯齿(L)
杂色(N): 0 %
图层挖空投影(U)

图 5-11

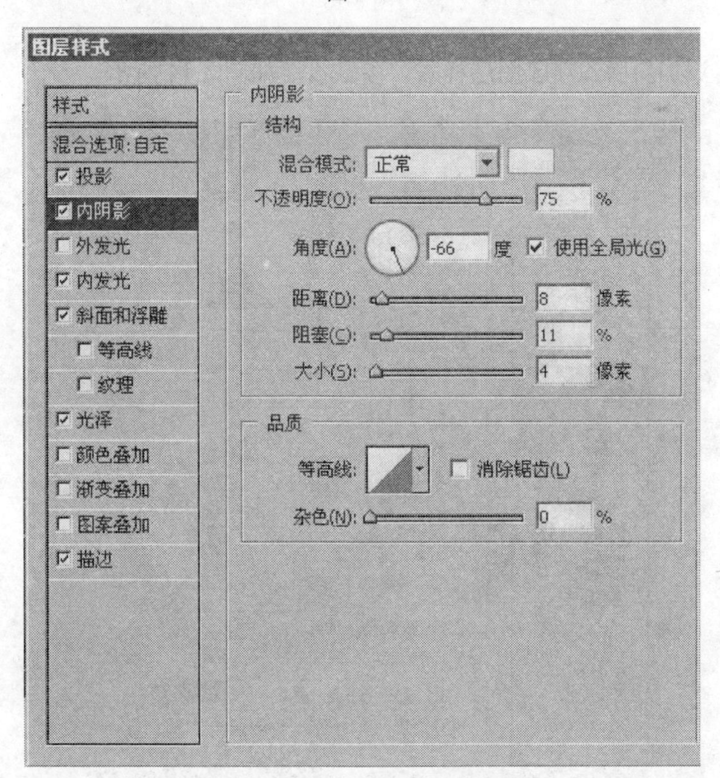
图层样式
样式
混合选项:自定
投影
内阴影
外发光
内发光
斜面和浮雕
等高线
纹理
光泽
颜色叠加
渐变叠加
图案叠加
描边
内阴影
结构
混合模式: 正常
不透明度(O): 75 %
角度(A): -66 度 使用全局光(G)
距离(D): 8 像素
阻塞(C): 11 %
大小(S): 4 像素
品质
等高线: 消除锯齿(L)
杂色(N): 0 %

图 5-12

第八步：添加内发光图层样式，参数设置如图 5-13 所示，颜色设置为 54bac4。

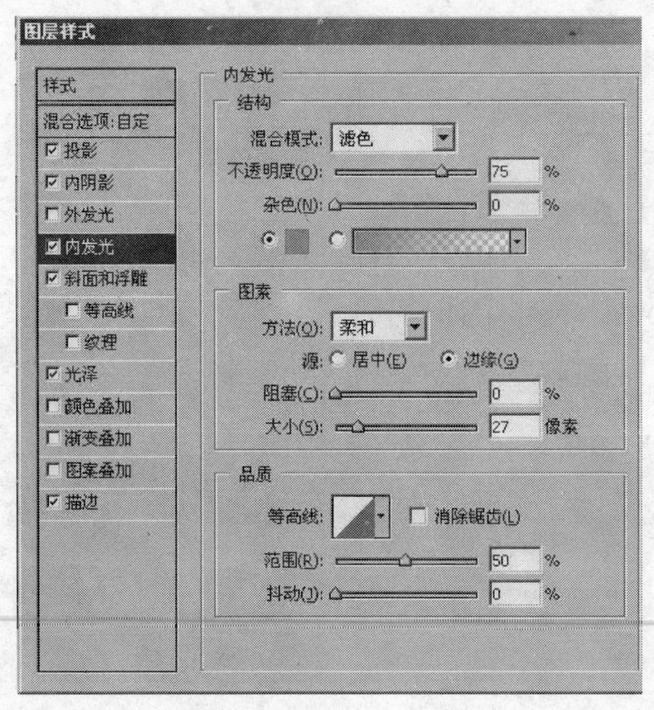

图 5-13

第九步：添加斜面和浮雕图层样式，参数设置如图 5-14 所示。

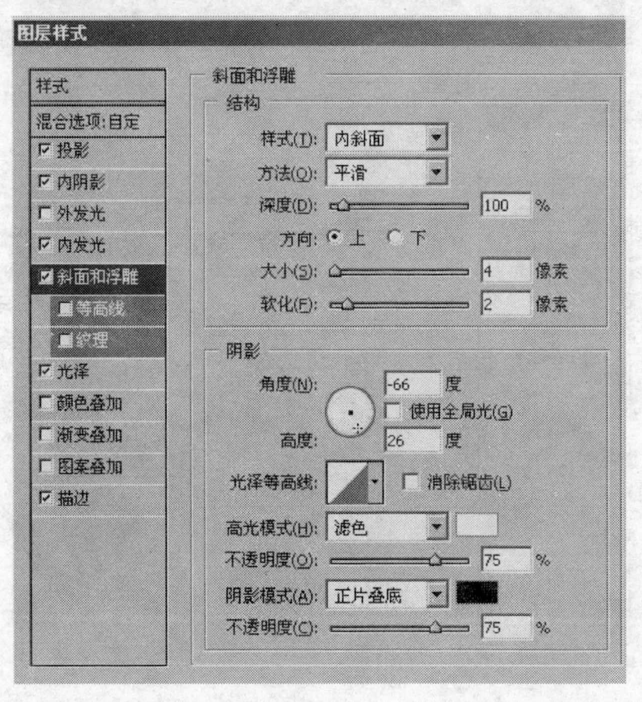

图 5-14

第十步：添加光泽图层样式，参数设置如图 5-15 所示，颜色设置为 4472d3。

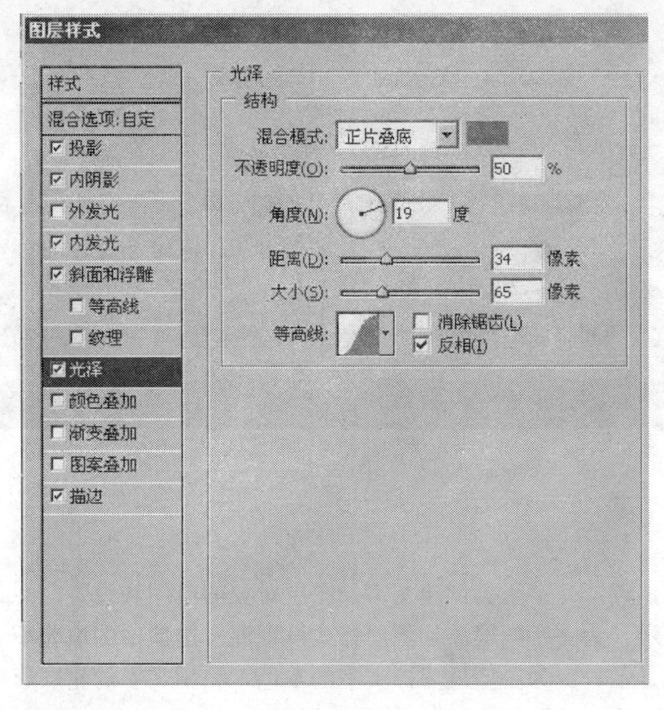

图 5-15

第十一步：添加描边图层样式，参数设置如图 5-16 所示，最终效果如图 5-17 所示。

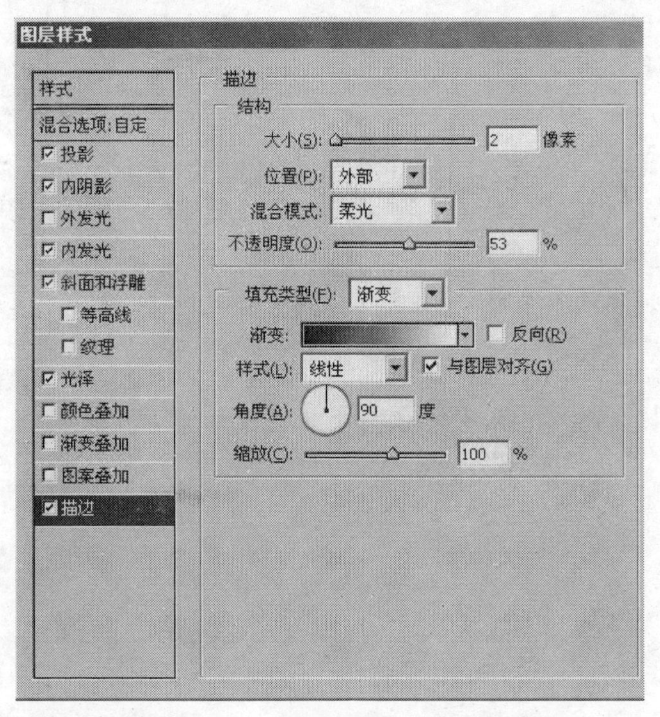

图 5-16

图 5-17

注意事项：

（1）实训知识点：文字工具创建文字；图层对象的应用和设置。

（2）操作提示：为文字图层添加图层样式设置混合选项中的填充不透明为 0 后，图层中看不到文字显示，因为希望过滤掉文字的本色，只用文字的轮廓形状。

第六章　多媒体技术基础实训练习

实训项目一　制作手机铃声

一、实训目的

用 GoldWave 制作手机铃声。

二、实训内容

【实训 6-1-1】

在使用手机时，每个人都希望有自已独特的铃声。本实训项目介绍使用 GoldWave 软件制作手机铃声的方法。

第一步：从网上下载 GoldWave 软件。解压以后，双击 GoldWave. exe，即可安装。安装成功以后的主界面如图 6-1 所示。

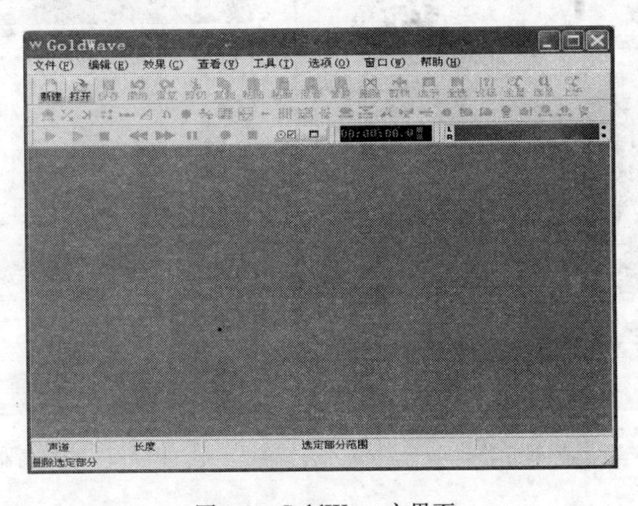

图 6-1　GoldWave 主界面

第二步：单击按钮，或者选择“文件”→“打开”命令，打开如图 6-2 所示的“打开声音文件”对话框，选择要做手机铃声的歌曲，载入界面和载入歌曲以后的界面如图 6-2、图 6-3 所示。

第三步：通过试听，找到想要制作成铃声的那个部分，如图 6-4 所示。首先在波形图上用鼠标左键确定需要的音乐文件的开始，然后在波形图上用鼠标右键确定音频文件的结尾。可以反复调节开始和结尾的地方，以选择想要的部分音乐。

第四步：单击按钮，选择“文件”→“另存为”命令，将这段歌曲以“等一分钟铃声”保存。

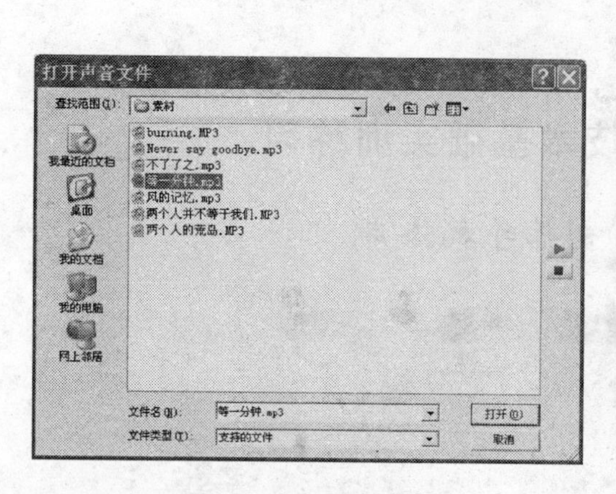

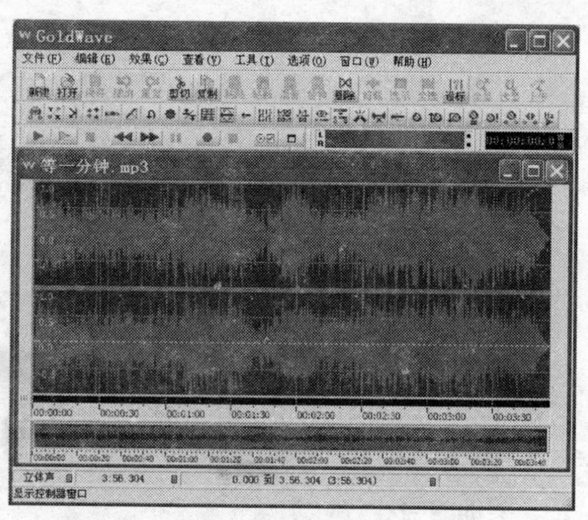

图 6-2　打开声音文件　　　　图 6-3　载入歌曲以后的主界面

第五步：单击按钮，打开“均衡器”对话框，衰减低音，加强高音，使音质变得清晰起来，如图 6-5 所示。

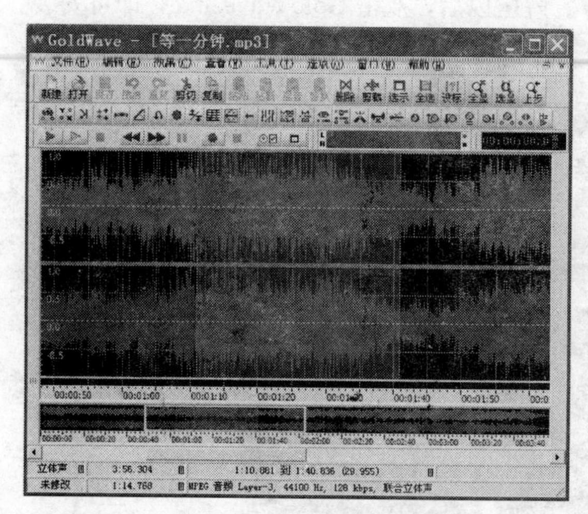

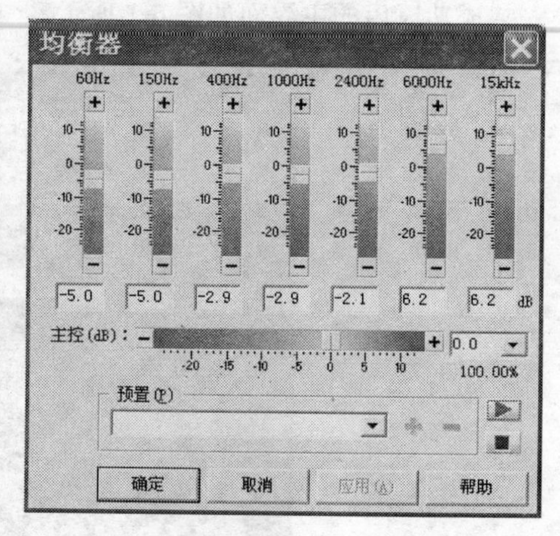

图 6-4　选择部分歌曲　　　　图 6-5　“均衡器”对话框

第六步：单击按钮，打开“更改音量”对话框，在弹出的窗口中按照百分比数值调节音量，100%就是原音量，200%就是大一倍，使音量适中，如图 6-6 所示。

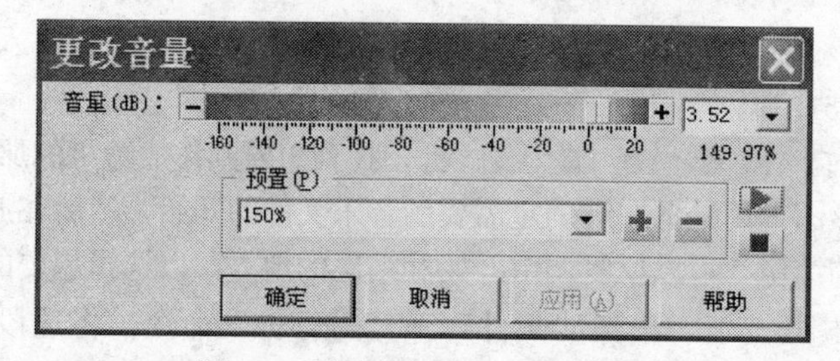

图 6-6　“更改音量”对话框界面

第七步：有时候截取的部分开头和结尾音量太高，突然开始和突然结尾听起来不自然，就用到“淡入”和“淡出”效果。单击按钮，打开“外形音量”对话框。看到一条直线，它代表这个铃声的音量变化，在直线的前端有个小圈，那就是铃声的开头，在它靠后的地方单击一下，又出现一个小点，然后把最前面的那个点往下拉低，使两个点的直线变成斜坡；以同样的方法处理结尾部分。如图 6-7 所示，把开头和结尾都调好后，单击“确定”按钮即可。

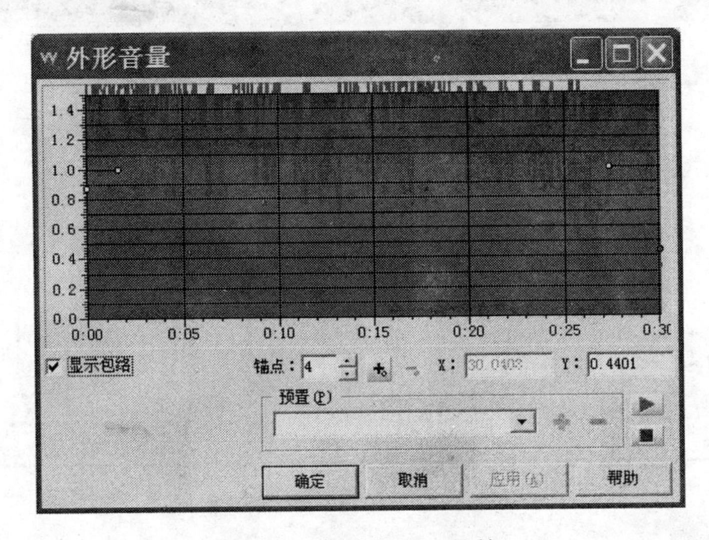

图 6-7　“外形音量”对话框

最后，根据自己手机的硬件性能，选择合适的声音文件格式，保存该铃声即可。

除了使用歌曲片段制作手机铃声，还可以使用 GoldWave，自己录制语音文件与音乐合成，制作只属于自己的独特铃声。

注意事项：

(1) 作为手机铃声，截取的歌曲片段长度一般控制在 60s 以内。

(2) 在保存选取的歌曲片段时，一定选择“另存为”，否则将会覆盖原来的歌曲。

(3) 在使用“外形音量”，调节“淡入”和“淡出”效果，打点时不要改变直线的高度。

实训项目二　制作电子相册

一、实训目的

用 Flash 制作电子相册。

二、实训内容

【实训 6-2-1】

Flash 电子相册具有文件体积小，画面质量高，便于网络传输的优点。本实训项目介绍使用模板制作 Flash 电子相册，操作简单方便，即使没有 Flash 软件基础的人员，也能够通过本实训项目的学习，制作自己的电子相册。

第一步：打开 Adobe Flash CS3 软件，选择“文件”→“打开”命令，打开如图 6-8 所示的“从模板新建”对话框，选择“照片幻灯片放映”下的“现代照片幻灯片放映”，单击“确定”按钮，打开如图 6-9 所示的主界面。

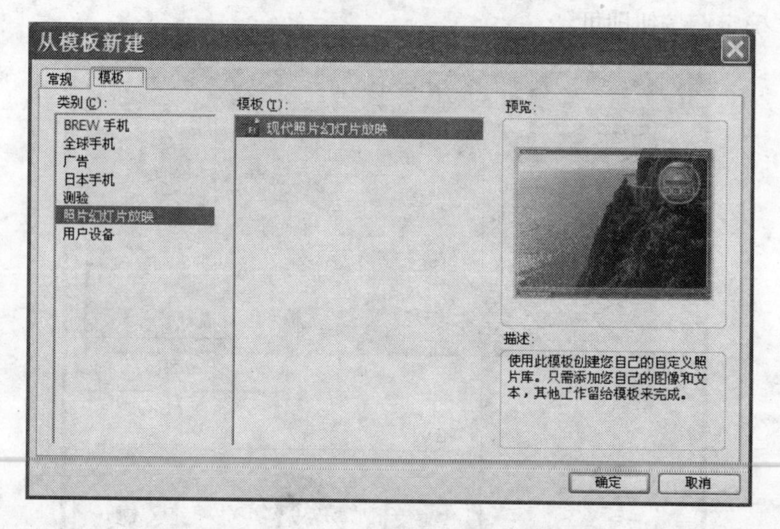

图 6-8 “从模板新建”对话框

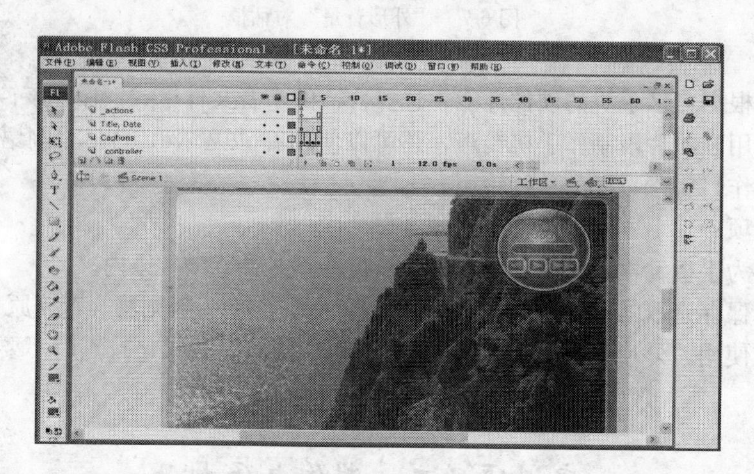

图 6-9 主界面

第二步：用 Ctrl＋L 键打开库，将库中 Photos 文件夹中的 4 张图片删除；选择“文件”→“导入”→“导入到库”命令，打开如图 6-10 所示的“导入到库”对话框，选择制作相册的照片，单击“打开”按钮，将照片导入到库中。

第三步：该相册共包含 12 张照片，因此将时间轴上除了 Captions 和 picture layer 层以外的所有层，在 12 帧的位置，按 F5 键，插入普通帧。将 Captions 和 picture layer 层的所有帧的位置，按 F7 键，插入空白关键帧。修改后的“时间轴”面板如图 6-11 所示。

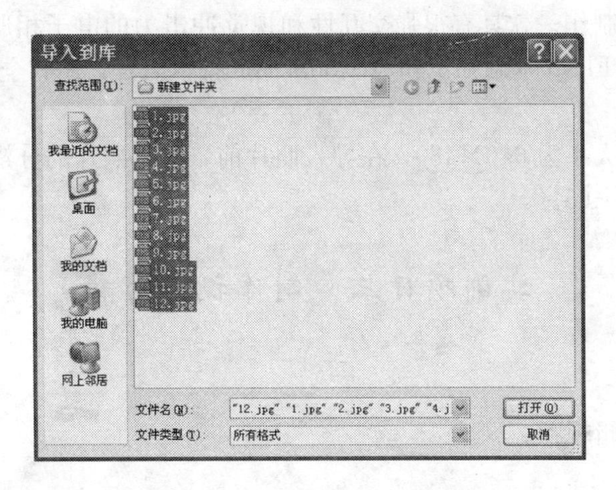

图 6-10　“导入到库”对话框

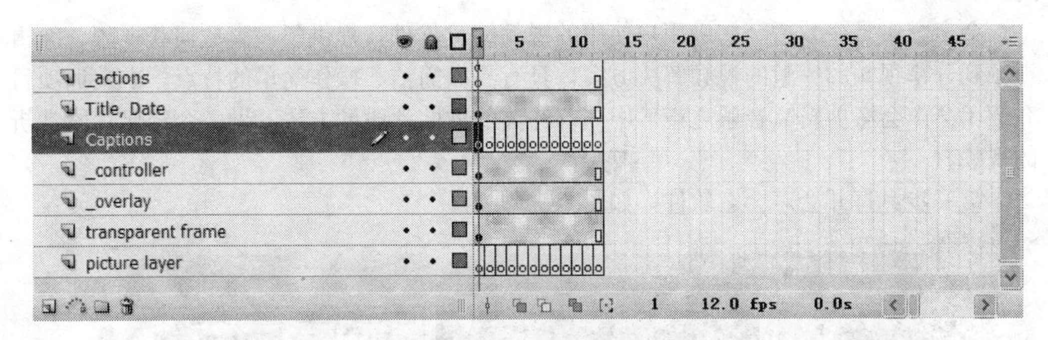

图 6-11　“时间轴”面板

第四步：要修改的主要是 Captions 和 picture layer 两层。Captions 层放关于照片的介绍文字，picture layer 放对应的照片。选中 picture layer 层的第一帧，将第一张照片拖放到舞台，用 Ctrl＋K 键打开“对齐面板”，选择“相对于舞台-水平对齐-垂直对齐”，这时图片就与场景的中心对齐。选中 Captions 层的第一帧，创建一个文本框对象，输入关于该照片的介绍文字。如此完成 12 张照片的拖放和文字介绍。

第五步：选中 Title，Date 层的第一帧，将相册的名字改成自己的名字。

第六步：用 Ctrl＋Enter 键测试影片。在播放窗口，播放器有单张播放模式和自动播放模式两种。同时，还可以按住播放器上部拖动到想要的地方。到此，该电子相册制作完毕。完成以后的播放界面如图 6-12所示。

图 6-12　播放界面

当然，如果要制作一款具有很强交互性和视觉冲击力的电子相册，Flash 模板是做不出来的，要精通 Flash 基础知识和 ActionScript 脚本语言，还有全面的多媒体知识。

注意事项：

该模板的相框大小为 640×480，在导入照片前，应将照片的分辨率设置为比 640×480 略小，如 620×465。

实训项目三　制作视频剪辑

一、实训目的

用会声会影剪辑视频。

二、实训内容

【实训 6-3-1】

会声会影是一款适合初级用户使用的视频编辑软件，提供了一套从捕获视频、编辑视频到分享视频的完整的视频解决方案，具有界面简洁、操作简单的特点。本实训项目介绍用会声会影剪辑《音乐之声》中 3 首经典的歌曲片段的方法，做一个经典片段赏析的视频。

第一步：打开会声会影软件，如图 6-13 所示。

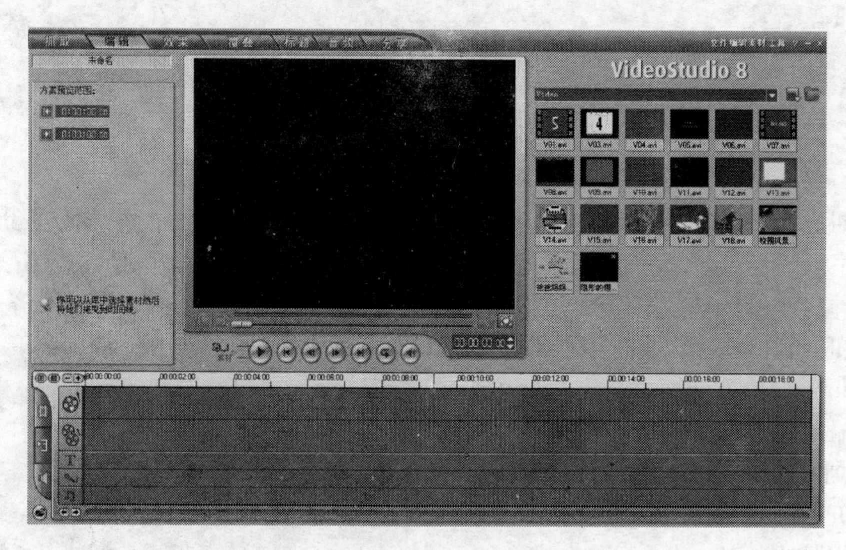

图 6-13　“会声会影”主界面

简单介绍“会声会影”的主界面。

抓取 编辑 效果 覆叠 标题 音频 分享，包含了制作视频剪辑的一套方案；Video，可以选择相应的素材库；，可以将素材按不同的方式排序；，可以将素材导入会声会影；图 6-13 中黑色的区域是预览窗口，分为对素材的预览和项目的预览；下面的主要区域是“时间轴”面板。

第二步：导入要编辑的视频，有两种方法。一是单击，在打开的“打开视频文件”对话框中，选择要导入的视频，单击“打开”按钮即可，如图 6-14 所示；然后，在“素材管理”面板将该素材拖到“时间轴”面板上面，就可以编辑了。二是单击“时间轴”面板的最左下端的，直接将视频插入到时间线。

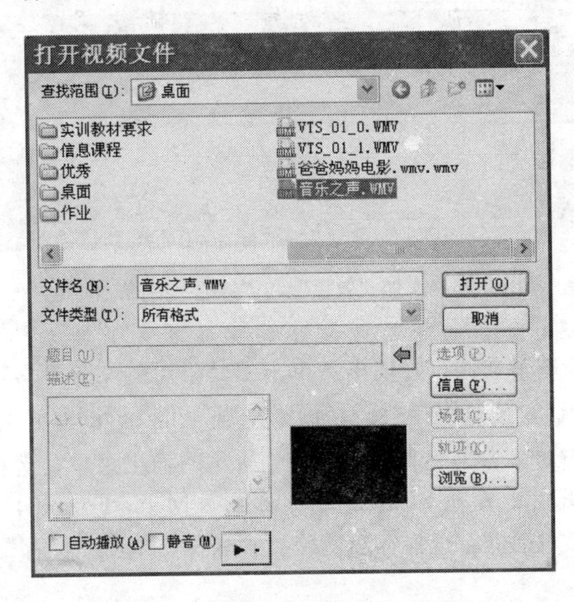

图 6-14　“打开视频文件”对话框

第三步：剪辑视频。本实训项目一共要剪辑 3 段视频。第一段视频从 2:35 秒～4:30 秒，双击，输入 02:35，按 F3 键设置开始标志；再双击输入 04:35，按 F4 键设置结束标志。设置完成以后，可以按住 Shift+，看看剪辑的视频片段是否符合要求，可以反复调节开始和结束标志的位置，直到合适的位置。最后，单击，选中的视频片段就剪辑成功，被插入时间线上。也可以直接拖动开始和结束标志，设置视频的开始点和结束点。以此类推，剪辑其他两段视频。剪辑成功以后，时间线如图 6-15 所示。

图 6-15　剪辑完成后的时间线

第四步：添加效果。单击工具条上的“效果”，打开素材工具栏的，选择合适的效果，直接拖到两段视频之间。

第五步：给每段视频添加一个简单的说明。单击工具条上的“标题”，双击预览窗口指定区域，可以为该段视频添加标题和简单的说明。添加效果和标题后的时间线如图 6-16 所示。

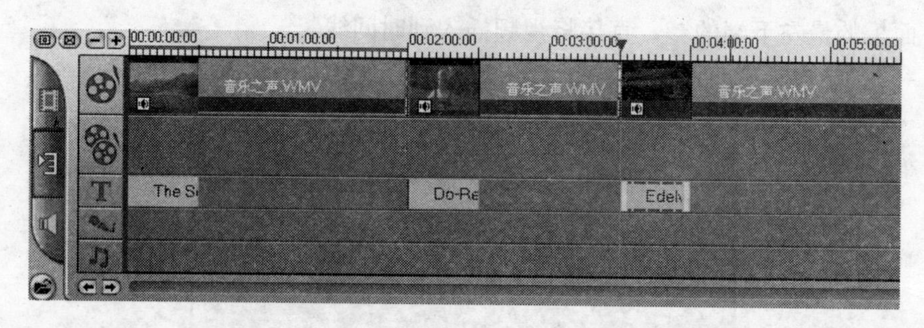

图 6-16　添加“效果”和“标题”后的时间线

第六步：保存该剪辑文件，并输出。单击工具条上的“分享”，可以先单击工具面板的按钮，预览视频剪辑，预览完毕，可以再调整修改视频剪辑，直到满意的效果。单击，打开如图 6-17 所示的输出菜单，选择合适的输出格式，这里选择 wmv 格式输出。单击 Streaming Windows Media Format，弹出如图 6-18 所示的“创建视频文件”对话框，选择存盘的位置和名称，单击“保存”按钮，就开始创建视频文件。

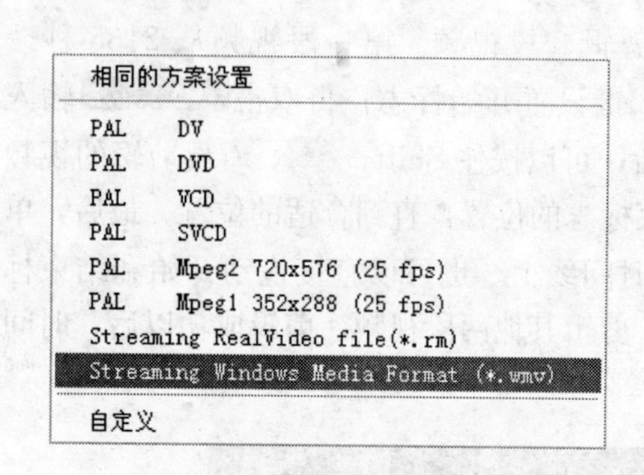

图 6-17　“创建视频文件”菜单

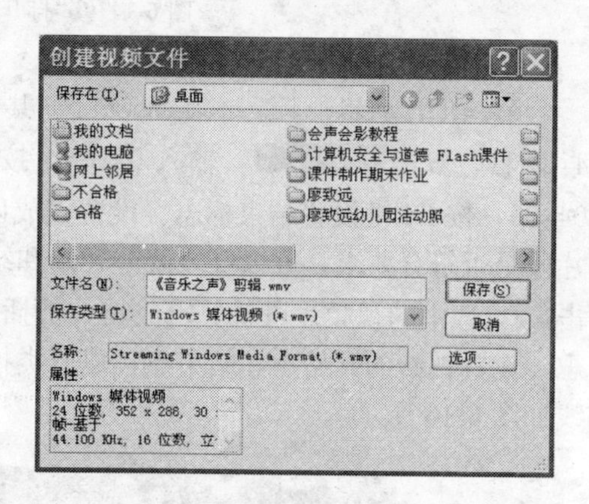

图 6-18　“创建视频文件”对话框

图 6-19 所示为正在创建视频文件的主界面，这是一个比较漫长的过程，要耐心等待。在创建的过程中，可以按 Esc 键终止视频文件的创建。

图 6-19　正在创建视频文件的主界面

注意事项：

“时间轴”面板的两种不同视图模式的切换。▯是切换到故事板视图的按钮，图 6-15 就是故事板视图方式显示；▯是切换到时间线视图的按钮，图 6-16 就是时间线视图方式显示。具体采用哪种视图模式，根据具体情况而定。

第七章 网页制作实训练习

实训项目一 建立自己的站点

一、实训目的

(1) 掌握网络、网站、网页的基本概念及相互之间的关系。

(2) 掌握FrontPage的启动及其界面的初步认识。

(3) 建立自己的网站——"我的网站(学号)",以便存放网页并供今后使用本机作为远程网站发布个人主页。

二、实训内容

【实训7-1-1】

掌握网络、网站、网页的基本概念及相互之间的关系。

(1) 网络:即将若干计算机单机或计算机系统,通过通信设备或传输介质进行相互连接,组成的以网络软件来实现资源共享、通信或协同工作的信息资源平台。小规模的网络称为局域网,全球最大的计算机网络称为因特网(Internet,也称为互联网)。

(2) 网站:即网络上存放HTML等文档的场所,通常宿主于服务器上。网站由域名(网站地址)和网站空间组成,可以通过浏览器来访问它。网站的性能通常由网站的空间大小、网站位置、网站连接速度、网站软件配置、网站能提供的服务等几个方面综合决定。

(3) 网页:上网浏览网站时在浏览器窗口中看到的一个页面就是一个网页。网页是用HTML(超文本标记语言)或ASP、JSP、XML、JavaScript、VBscript、PHP等语言编写的,需要经过浏览器编译后才能在浏览器窗口中显现出来。网页中可以含有文字、图像、表格、动画、超链接等各种元素,以组成丰富多彩、生动活泼的网页。

注意事项:

网络是实现资源共享、通信或协同工作的信息资源平台;网站是网络上存放HTML等文档的场所,通常宿主于服务器上;网页是用HTML(超文本标记语言)或ASP、JSP、XML、JavaScript、VBscript、PHP等语言编写的,需要经过浏览器编译后才能在浏览器窗口中显现出来文档。形象地说,网络是高速公路,网站就是公路沿途的各类售货店,店内装的就是网页。

【实训7-1-2】

掌握FrontPage的启动及其界面的初步认识。

单击"开始"→"所有程序"→Microsoft Office→Microsoft Office FrontPage 2003,就可以启动FrontPage 2003,启动后的界面如图7-1所示。

FrontPage是Office软件的组件,它的窗口界面与Office其他成员相类似,从上到

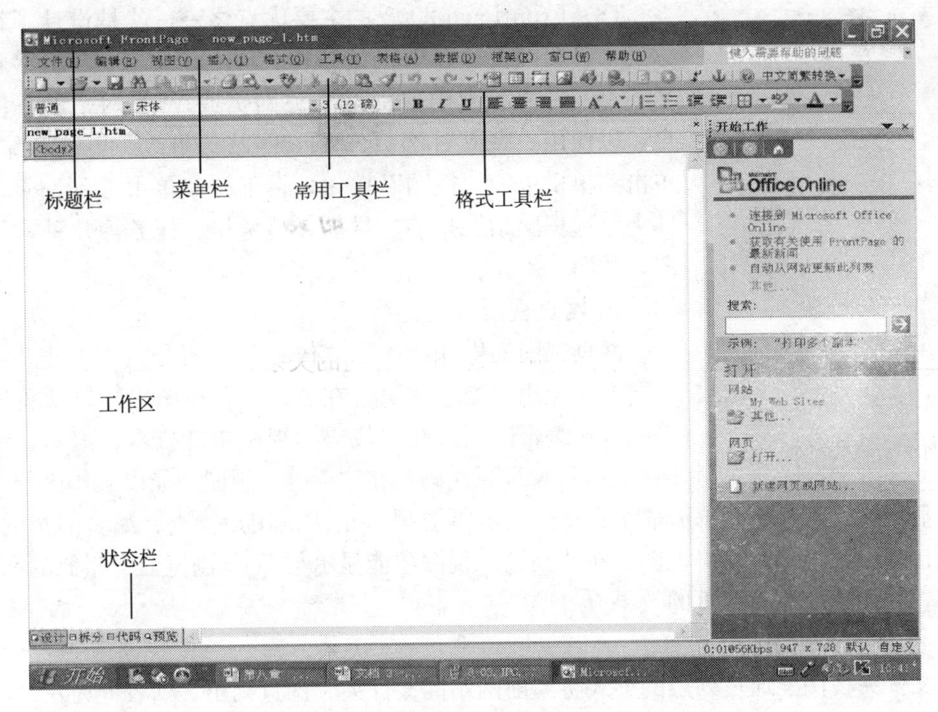

图 7-1　FrontPage 2003 的窗口界面

下依次为标题栏、菜单栏、常用工具栏、格式工具栏、工作区、状态栏，如图 7-1 所示。

（1）标题栏：用来显示标题。即在打开网页或创建一个新网页时，该网页文档的名字就会显示在标题栏上。

（2）菜单栏：包括“文件”、“编辑”、“视图”、“插入”、“格式”、“工具”、“表格”、“数据”、“框架”、“窗口”、“帮助”11 个下拉菜单，每个菜单都有自己的一组命令，为网页制作提供了比较完善的网页编辑和网站管理功能。

（3）常用工具栏：以按钮形式提供与下拉菜单中的菜单项相同的一些常用的网页编辑功能，通过单击“视图”→“工具栏”上的相关选项卡，可选择显示或隐藏相关的工具栏。

（4）格式工具栏：汇集了网页编辑中常用到的一些格式化工具。

（5）工作区：也称为主编辑区，是用户用来制作网页的区域，在不同的视图方式下会显示不同的内容。编辑网页时，在工作区的左下方排列着“设计”、“拆分”、“代码”、“预览”4 个切换按钮用于选择编辑网页时的显示方式。

（6）状态栏：在窗口的底部，提供状态显示、下载时间、大小写切换、数字切换等功能。

（7）任务窗格：打开 FrontPage 2003，任务窗格就出现在工作区右面（默认值，可以通过单击“视图”→“任务窗格”命令来关闭它），窗格中显示各种 FrontPage 2003 能完成的任务，可以利用它来快速准确地完成某项任务。

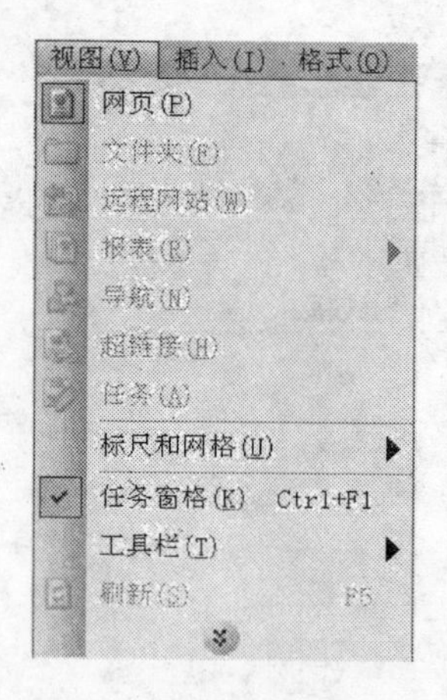

图 7-2 “视图”菜单

(8) FrontPage 2003 的主要优点之一，就是设计了视图方式来显示网页、Web 网站结构。FrontPage 2003 有多种视图，每一种视图为用户提供有关网页或 Web 网站的不同信息，以便用户完成对网页、Web 网站的更改、更新和维护。单击菜单栏中的“视图”按钮，在下拉菜单中看到网页、文件夹、远程网站、报表、导航、超链接、任务等几种常用视图，如图 7-2 所示。

① 网页视图。

网页视图提供“设计”、“代码”、“拆分”、“预览”4 种不同方式让用户处理网页。在“设计”视图中能以所见即所得的方式编辑网页；在“代码”视图中能查看、编写、编辑网页的 HTML 源代码；在“拆分”视图中能以工作区的上半部分显示源代码，下半部分显示设计效果的拆分屏幕格式供用户检查、编辑网页内容，并能访问设计视图和代码视图；在“预览”视图中能显示与 Web 浏览器中相似的网页，方便查看创建或更改网页的效果。

② 文件夹视图。

文件夹视图能通过列表的形式将当前网站的文件夹、网页列出。列表分为左、右两列，左列显示的是当前网站所有的文件夹，当在左列中选中一个文件夹，则右列将显示该文件夹中的全部文件和子文件夹，这种视图方式使用户可以像在 Windows 资源管理器中一样对网站的文件夹进行操作。

③ 报表视图。

报表视图能给出当前网站的所有文件数、图片数、链接文件数、未链接文件数、新旧文件数等信息统计数据，便于用户了解整个网站的情况。

④ 导航视图。

导航视图能显示反映网站各页面之间关系的树形目录，方便用户调整、扩展或重新组织网站。

⑤ 超链接视图。

超链接视图能将网页与网页之间的链接关系用图形方式形象地表示出来，使链接关系一目了然。

⑥ 任务视图。

任务视图是多个人开发、管理一个网站的有效工具，利用任务视图可以有效地跟踪、维护 Web 网站的任务列表（开发计划或维护计划），通过对这些任务进行监控，可以及时了解进度，调整任务。

注意事项：

FrontPage 2003 在窗口界面中，设计了视图方式来显示网页、Web 网站结构。FrontPage 2003 有多种视图，每一种视图为用户提供有关网页或 Web 网站的不同信息，以方便用户完成对网页、Web 网站的更改、更新和维护，是 FrontPage 2003 的主要优点之一，需要注意并掌握。

【实训 7-1-3】

建立自己的网站——“我的网站（学号）”。

（1）在 FrontPage 2003 窗口界面的菜单栏中选择“文件”→“新建”命令后，在屏幕右边出现的“新建网站”区中选择“由一个网页组成的网站”超链接，如图 7-3 所示。

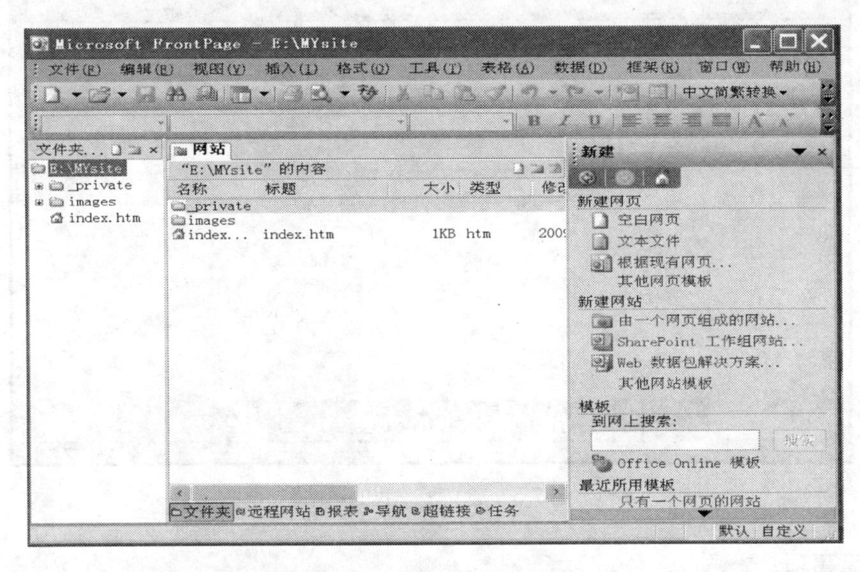

图 7-3　“新建网站”窗口

（2）在弹出的“网站模板”对话框右边“指定新网站的位置”中，输入要建立网站的存储位置及名称，如 E：\ MYsite 或 E：\ 我的网站等（同学自己做的时候要加上自己的学号），如图 7-4 所示。然后单击“确定”按钮即可完成新网站的建立，如图 7-5

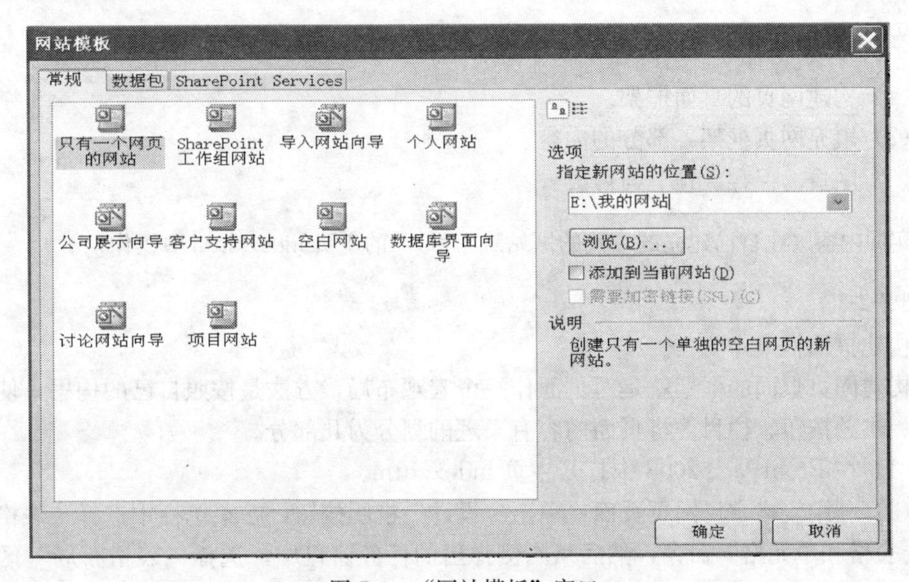

图 7-4　“网站模板”窗口

所示（图中标注 i 的是刚建立的新网站的位置及网站中的目录；标注 ii 的是该新网站目录的详细列表，其中的 index. htm 是主页）。

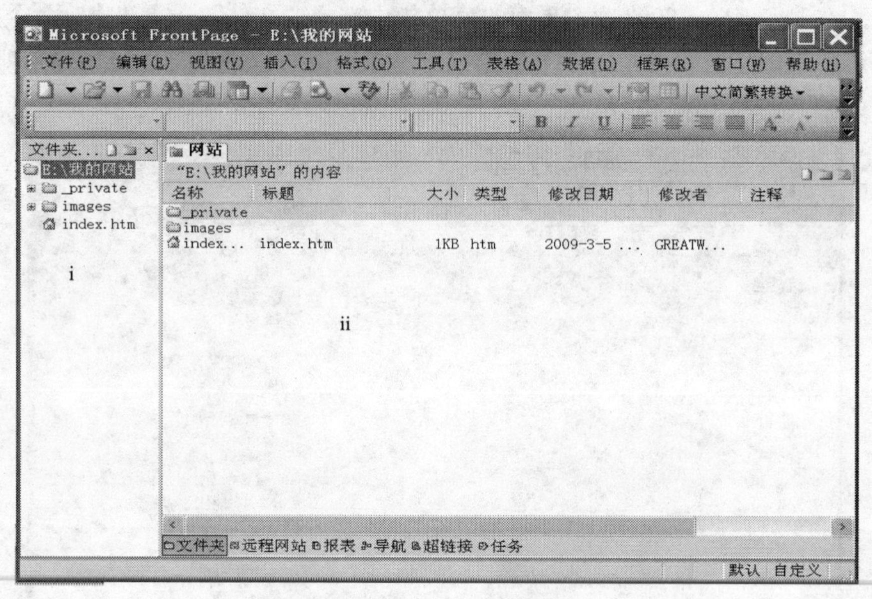

图 7-5　建立了“我的网站”

注意事项：

建立了自己的网站——“我的网站（学号）”后，要记住它的存储位置，以便下次上机时能找到它。或者自己单独建一个目录将它存放起来，以方便今后使用。

实训项目二　网页的简单编辑

一、实训目的

（1）构建网页的页面框架。

（2）填充网页框架各部分的内容。

（3）网页的保存、预览与修改。

二、实训内容（在自己建立的“我的网站（学号）”的主页 index. htm 中操作）

【实训 7-2-1】

构建页面框架。

构建网页页面的框架就是对页面作一个宏观布局，方法是按照自己的构思，使用导航栏、主题按钮、栏目等将页面内容有条理的划分为几部分。

（1）在 FrontPage 2003 中打开主页 index. htm。

（2）利用表格布局网页页面：单击“设计”视图按钮，在菜单栏中选择“表格”→“布局表格和单元格”命令，然后从右侧弹出的任务窗口中，选择“表格布局”区中自己所需的表格布局模板，单击该模板则将表格插入到网页中，如图 7-6 所示。表格大小的调整，可以在“表格属性”区进行，若选择“用表格自动缩放元格”，则可手动对表格的尺寸快速、方便的进行调整。

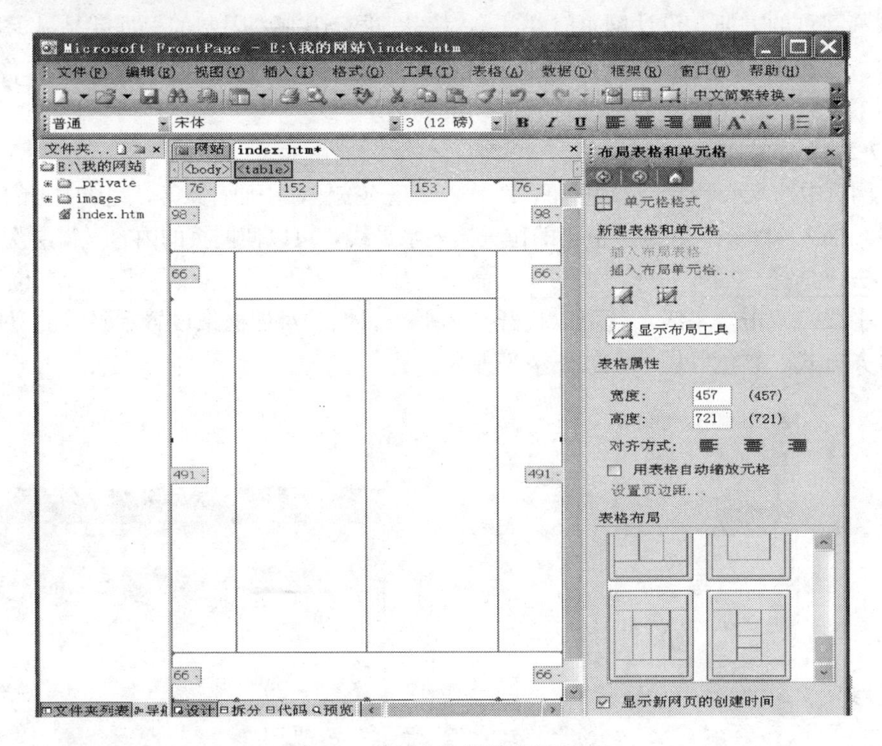

图 7-6　利用表格模板布局页面

注意事项：

页面的布局完全由自己决定，所以自己事先要构思好页面的宏观布局。通常是按网页主题（如个人主页、我们的班级、假期实践、英语学习等）来构思页面布局，先将页面按内容有条理的划分为几部分，再填充网页框架各部分的内容。

填充网页内容，就是将网页的内容输入并合理地分配到页面的各个部分，并可加入图像、表格、动画、超链接等各种元素，组成自己构思设想的网页。

【实训 7-2-2】

输入并编辑文字。

向网页中输入文字的方法与在 Word 中输入文字的方法相同，用户可以为网页中的文字设置字体、字号，更改字形和文字颜色等。如果网页中的文本比较多，用户还可以进一步对其使用段落格式、调整段间距和对齐方式、使用项目符号等，也可以将其他文件中的文字剪切、复制、粘贴到网页中，使用“插入”→“文件”命令，还可以插入文件，这些操作都与 Word 中的操作类似，请按自己的网页主题自行练习输入网页的内容。

注意事项：

使用 FrontPage 制作网页的基本技术通常有文字的输入与排版、表格的设计与调整、图形的插入和编排、网页的链接与导航等。其中，处理文字、表格、图形等信息所采用的方法与在 Word 中输入、编排这些信息的方法类似，不同的是 Word 中会受到纸张大小的限制，而 FrontPage 中网页的大小可以理解为任意的宽度和任意的长度，只是为了浏览网页的方便，设计网页时往往会对宽度进行限制，限制的根据就是显示屏幕的分辨率。若在 1024×768 的分辨率下设计网页，则网页的宽度可设置为 1024 像素点，长度则不受限，浏览时只需拖动垂直滚动条就行了。

【实训 7-2-3】

在网页中插入水平线、滚动屏幕、图片、交互式按钮，添加背景等，完成主页的设计。

(1) 插入水平线。在网页适当的位置插入水平线，可以使网页的内容显得层次分明。

方法：选择“插入”→“水平线”命令，如图 7-7 所示，就会在光标所在位置插入一条水平线。双击水平线，就可以打开“水平线属性”对话框来设置水平线的宽度、高度、对齐方式、颜色等属性，如图 7-8 所示。

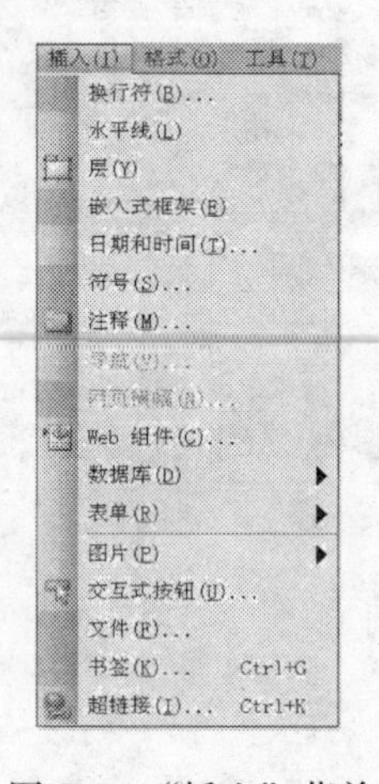

图 7-7 “插入”菜单

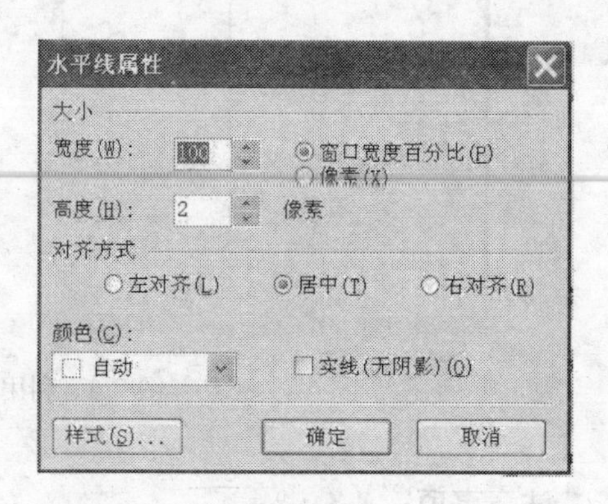

图 7-8 “水平线属性”菜单

(2) 插入时间和日期。在网页中插入的时间和日期可用于显示上次修改页面的时间或网站最后更新的时间。

方法：将光标定位在要插入日期和时间的位置，然后选择“插入”→“日期和时间”命令，在弹出的对话框中，进行相应的设置后，单击“确定”按钮。

(3) 插入站点计数器。在主页上添加一个站点计数器可以及时显示站点被访问的次数，即站点受欢迎的程度。

方法：将光标定位在要插入站点计数器的位置，然后选择“插入”→“Web 组件”命令，在弹出的对话框中的“组件类型”选项区中选择“计数器”，弹出“选择计数器样式”区后，在该选项区中选择所需的计数器样式，单击“完成”按钮就会弹出“计数器属性”对话框。在“计数器属性”对话框中，可以重新选择计数器的样式，也可以使用自己设计的 0～9 的 GIF 格式数字图片，“计数器重置为”复选框用于设置计数器起始值，一般可设置为 0，“设置数字位数”复选框用于确定计数器的数字位数，如输入 6，则最多能计数到 999999，设置完成后，单击“确定”按钮。

(4) 插入滚动字幕。滚动字幕用来显示滚动文本，如公告、通知、提示等。

方法：将光标定位在要创建滚动字幕的位置，然后选择“插入”→“Web组件”命令，在弹出的对话框中的“组件类型”选项区中选择“动态效果”，弹出“选择一种效果”选项区后，在该选项区中选择“字幕”，单击“完成”按钮就会弹出“字幕属性”对话框。在“字幕属性”对话框中，可输入要滚动显示的字母文本，然后设置滚动方向、速度、方式、字幕大小、重复次数、背景色等，设置完成后，单击“确定”按钮。

（5）插入交互式按钮。在网页中设置的交互式按钮，当鼠标移动到它上面时，会变为另一种状态，制作者还可以为交互式按钮设置字体、颜色、变光、凹凸等效果，用交互式按钮建立超链接可以增加网页的动态效果。

方法：将光标定位在要插入交互式按钮的位置，然后选择“插入”→“交互式按钮”命令，在弹出的“交互式按钮”对话框中可进行按钮形态、字体、图像等设置，设置完成后，单击“确定”按钮。

（6）插入图像。在网页中插入图像来展示页面的个性，可以更好地吸引访问者。FrontPage 2003 会按图像颜色的多少自动进行图像格式转换，当图像颜色多于 256 种时，转换为 JPEG 格式，否则转换为 GIF 格式。

方法：将光标定位在要插入图像的位置，然后选择“插入”→“图片”命令，在“图片”的下拉菜单中，可选择插入“剪贴画”或来自文件、图片库、扫描仪、数码相机等的图像，进行相应的设置后，单击“确定”按钮即可。

（7）添加背景图像。背景图像是在文本和前台图像后面添加的一张真实图像，使用背景图像可以为自己的网页添加结构、颜色、站点标识等美学效果，注意不要过于分散浏览者对网页内容和前台图像的注意力。在 FrontPage 2003 中，可以使用任意的图像文件作为背景。

设置背景图像的步骤如下：

① 选择“文件”→“按钮属性”命令，打开“网页属性”对话框。

② 单击“格式”按钮后，选中“背景图片”复选框；单击“浏览”按钮，在弹出的“选择背景图片”对话框中选择自己所需的图片文件。

③ 图片文件选好后单击“打开”按钮，返回到“网页属性”对话框，再单击“确定”按钮，选中的图像就会铺开在网页上成为背景。

注意事项：

（1）以上的 7 种操作，可以只选择三四种来做。

（2）注意：在“插入”菜单中，还可插入艺术字、电影、视频等，使网页更加丰富多彩。

【实训 7-2-4】

网页的保存。

网页编辑好之后，需要将其保存起来，有两种保存方式供用户选择。

方式一：将新建的网页保存在当前的计算机中。

方法：单击常用工具栏中的“保存”按钮。

若要改动网页的标题或文件名，则需选择“文件”→“另存为”命令，在“另存为”对话框中单击“更改标题”按钮就能重新设置网页标题；在“文件名”文本框中可输入新的文件名；设置完成后，单击“确定”按钮，FrontPage 2003 将把该网页作为文件保存起来。

方式二：保存为 FrontPage 模板。

将一个页面保存为一个页面模板，可以为创建大量具有相同布局的网页节省时间。

方法：单击“保存”按钮，在“保存”对话框中的“保存类型”下拉列表框中选择“FrontPage 模板”，单击“保存”按钮，在弹出的“另存为模板”对话框的“标题”文本框中输入说明性的标题、“名称”文本框中输入文件名，“说明”文本框中输入该模板功能的说明。单击“确定”按钮后，FrontPage 2003 就将该页面保存为一个模板。

注意事项：

若网页中插入了图片，在保存该网页时，会弹出“保存嵌入式文件”对话框。在该对话框中，单击“重命名”按钮可对图片重新命名；单击“更改文件夹”按钮可以改变图片的保存位置；单击“设置操作”按钮可以设置相关的保存选项。单击“确定”按钮后，该图片就会自动导入到站点的相应目录中。

【实训 7-2-5】

网页的预览与修改，即在浏览器中预览并修改所编辑的网页。

方法：选择“文件”→“在浏览器中预览”→Microsoft Internet Explorer 6.0（1024×768）命令，如图 7-9 所示，则可在 1024×768 的分辨率下预览该网页，如有问题，返回 FrontPage 进行修改编辑，存盘后可再进行预览。

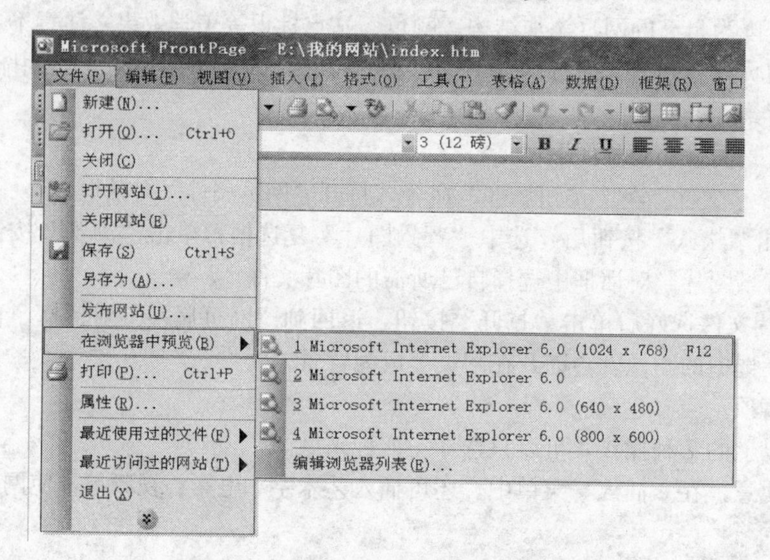

图 7-9 “在浏览器中预览”网页的菜单

注意事项：

（1）网页的页面不要过于庞大，用户等待页面下载的极限时间是 10s。

（2）简单就是美，不要把页面塞得太满，页面一定要留出合理的空白。

（3）若一个页面就是一个大表格，则至少要将其分为：表头一个单元格，中间一到多个单元格，最下面的版权信息一个单元格。

(4) 尽量多使用网页编辑工具提供的模板和库，以减少工作的难度和工作量。

(5) 设立自己的存储目录，避免与其他同学的网站混淆。

(6) 网页制作中、修改前、发布前都要注意先存储。

实训项目三　使用本机作为远程网站发布个人主页

一、实训目的

在网页制作并测试完毕之后，将本地机器作为远程网站，直接使用 FrontPage 中的发布站点功能来发布网页。

二、实训内容

【实训 7-3-1】

更改 FrontPage 2003 系统设定的默认网站为自己所建要发布的网站。

在使用 FrontPage 中的“文件系统”来发布网站之前，必须更改安装 FrontPage 2003 服务器时系统设定的默认网站。

方法：右击桌面“我的电脑”图标，选择下拉菜单中的“管理”→“服务和应用程序”命令，双击“Internet 信息服务”→“网站”，右击“默认网站”，选择“属性”→“主目录”命令，然后将窗口中“修改本地路径（C）：”对话框中的“C：\ inetpub \ wwwroot”改为自己所建要发布的网站的存储目录，如“E：\ 我的网站（远程）”，单击“确定”按钮后才能正常发布网站。

【实训 7-3-2】

发布网站。

(1) 选择“文件”→“发布网站”命令，打开“远程网站属性”对话框，如图 7-10 所示。

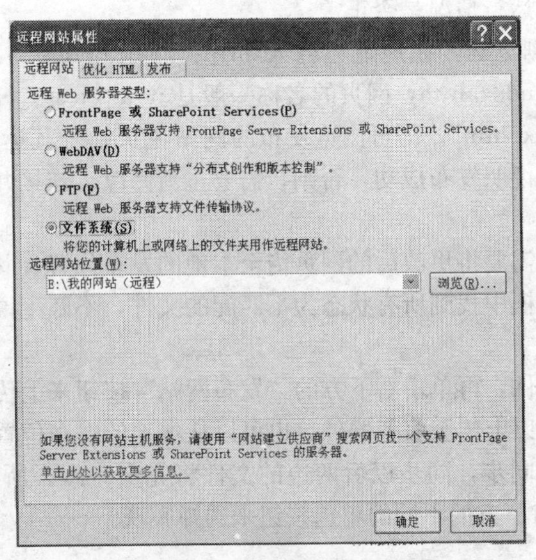

图 7-10　远程网站属性

(2) 进入“远程网站”选项卡后，在“远程 Web 服务器类型”的多个选项中，选择“文件系统”，在“远程网站位置”文本框中输入本地作远程网站的目录（如 E:\我的网站（远程））。

(3) 第一次发布网站，系统会提示创建新的网站，单击“是”按钮创建新网站。然后弹出发布网站窗口，如图 7-11 所示。

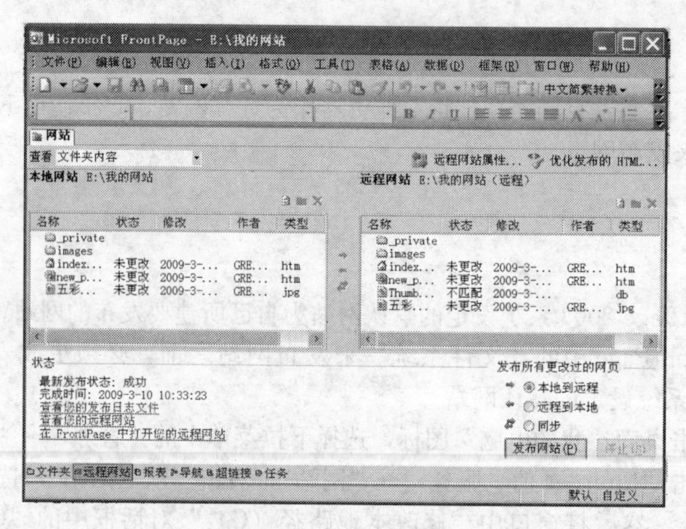

图 7-11　文件系统发布

(4) 在图 7-11 的发布对话框中，左边列出的是本地的网站文件，右边列出的是本地发布位置的网站文件。第一次发布网站，单击右下方的“发布网站”按钮来发布整个网站（即将本地网站上的网页发布（传输）到远程网站上）。

【实训 7-3-3】

检测整个网站的运行情况是否正常。

方法：打开 IE 浏览器，在地址栏输入 http：//localhost/主页（或网页）的名称（主页的名称一般是 index. htm，网页的名称一般是 new _ page _ 1. htm），如输入“http：//localhost/index. htm”，即可浏览发布的网站主页。若其运行效果和制作网页时的预览效果一致，则说明发布成功，否则，需要重新修改、连接并上传文件。

注意事项：

当网页更改后，需要将更改后的网页传至本地的发布位置，其步骤如下。

(1) 从左边列表框中找到所有状态为不匹配的文件，不匹配说明文件经过修改，需要重新发布。

(2) 选择这些文件，再单击右下方的“发布网站”按钮来上传更改后的网页。

(3) 除从本地可以上传至服务器外，也可以从本地的发布位置下载网页文件，还可以将两边的文件进行同步，同步以后两边的文件将完全一致。所有这些操作可以通过图 7-11 所示对话窗口下方的不同的单选按钮来选择实现。

第八章　网络基础实训练习

实训项目一　申请电子邮箱与收发电子邮件

一、实训目的

（1）申请电子邮箱。
（2）使用IE浏览器收发电子邮件。
（3）使用Outlook Express收发电子邮件。

二、实训内容

1. 申请126电子邮箱

【实训8-1-1】

启动IE浏览器，在地址栏中输入“http：//www.126.com”，进入126电子邮件网站首页，如图8-1所示。

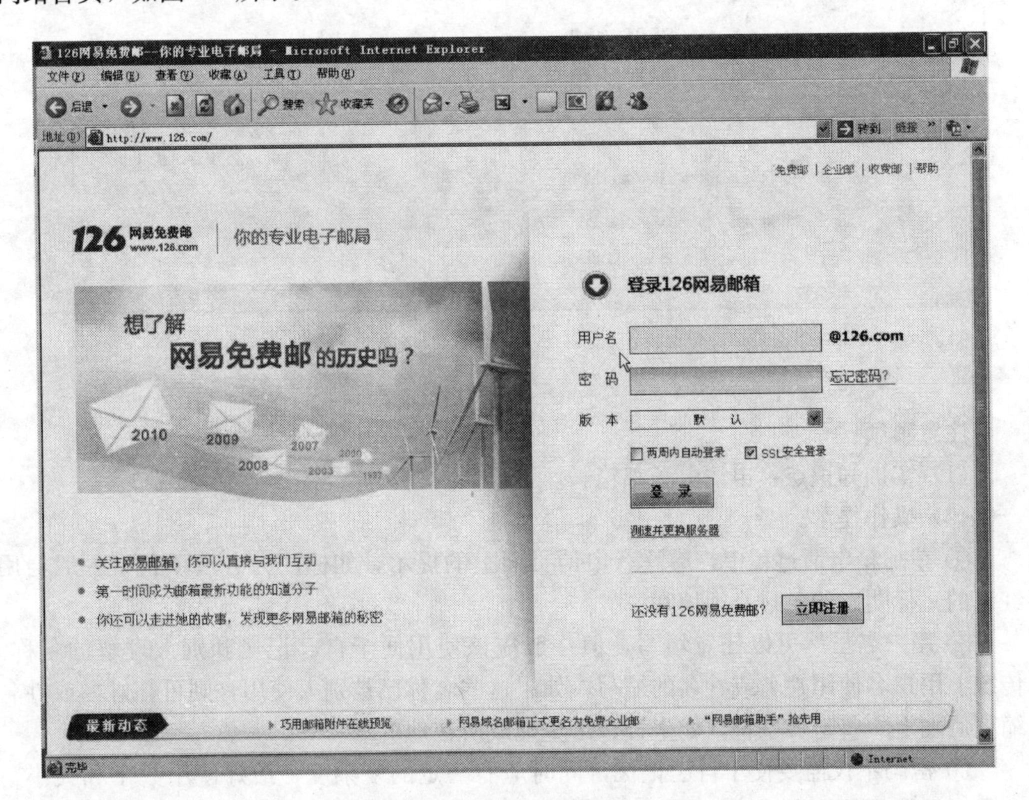

图8-1

单击浏览器窗口中的“立即注册”按钮（在窗口的右下方），浏览器会弹出邮箱申请页面，进入邮箱注册页面，依次填写希望注册的邮箱账户名，密码、安全信息、验证字符等信息（示例中注册了一个账户名为 sicnuuser 的 126 电子邮箱），然后单击页面下方的“创建账号”按钮，并在随后弹出的注册确认页面输入验证字符，单击“确定”按钮确认注册，如图 8-2～图 8-4 所示。一切顺利完成后，网站会返回注册成功页面，如图 8-5 所示。此时，已经成功地在 www.126.com 注册了一个账户名为 sicnuuser 的电子邮箱，这个邮箱的名称是 sicnuuser@126.com。

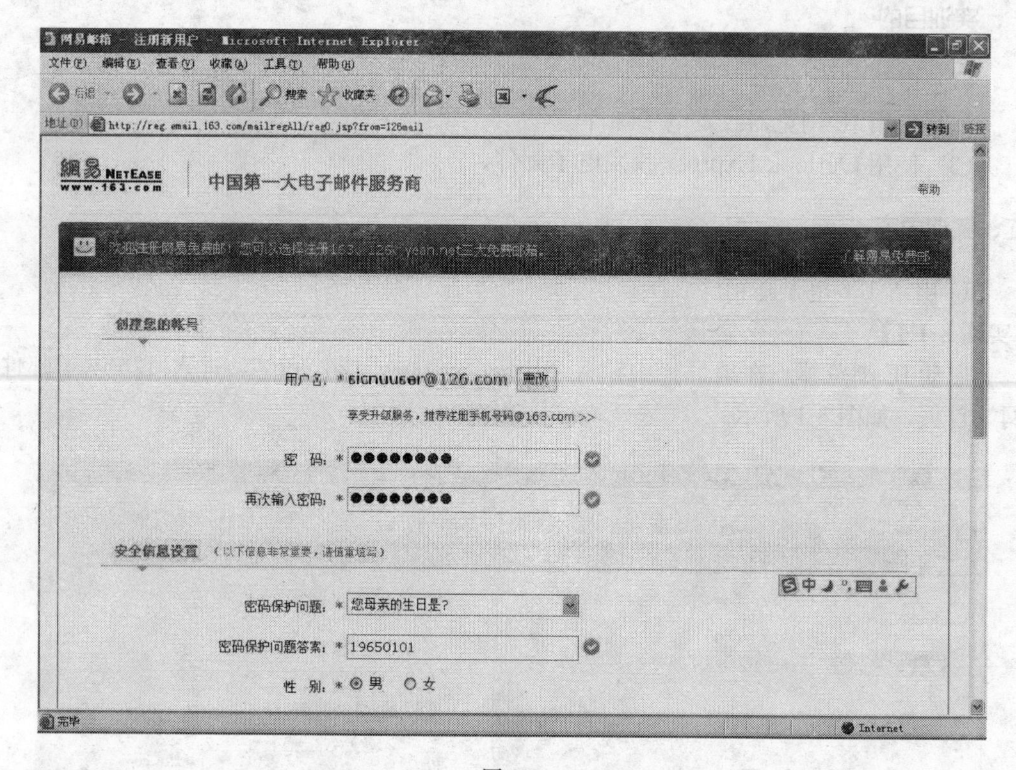

图 8-2

注意事项：

（1）实训知识点：申请电子邮箱。

（2）操作提示。

① 在邮箱申请过程中，应注意申请页面上的提示，如标注为必填项目（一般会用红色的 * 标明）的条目必须填写。

② 用户名虽然可以任意填写，但一般应该使用便于自己记忆和别人理解的名称。传统上用户名使用姓名或姓名的缩写，如果这些名称已被别人使用，则可在姓名或姓名缩写后加上一些附加字符，如生日、出生地或所在地的缩写等。

③ 密码不仅需要便于自己记忆，同时应有一定的复杂度，最好使用数字和大小写字母以及符号的组合，要避免使用 123456、111111 等简单数字组合或自己的生日、电话号码等容易被别人猜测的密码。因为电子邮件内容属于具有法律效力的证据，因此要

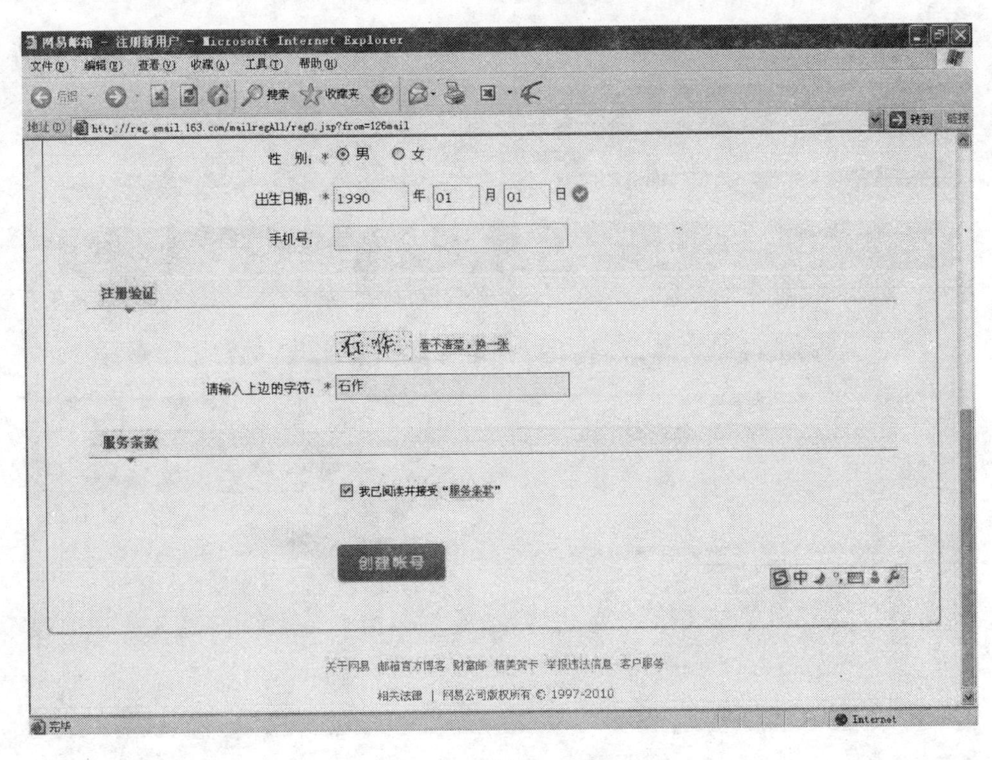

网易邮箱 - 注册新用户 - Microsoft Internet Explorer
文件(F) 编辑(E) 查看(V) 收藏(A) 工具(T) 帮助(H)
搜索 收藏夹
地址(D) http://reg.email.163.com/mailregAll/reg0.jsp?from=126mail
转到 链接
性 别：* 男 女
出生日期：* 1990 年 01 月 01 日
手机号：
注册验证
看不清楚，换一张
请输入上边的字符：* 石作
服务条款
我已阅读并接受“服务条款”
创建帐号
关于网易 邮箱官方博客 财富邮 精美贺卡 举报违法信息 客户服务
相关法律 | 网易公司版权所有 © 1997-2010
完毕
Internet

图 8-3

网易邮箱 - 注册新用户 - Microsoft Internet Explorer
文件(F) 编辑(E) 查看(V) 收藏(A) 工具(T) 帮助(H)
后退 搜索 收藏夹
转到 链接
网易 NETEASE www.163.com
中国第一大电子邮件服务商
163 126 帮助
注册确认!
注册确认
刷新
请输入上图中的字符： T24神Y心近共
不区分大小写，不用输入空格
确 定 取 消
关于网易 邮箱官方博客 财富邮 精美贺卡 举报违法信息 客户服务
相关法律 | 网易公司版权所有 © 1997-2010
完毕
Internet

图 8-4

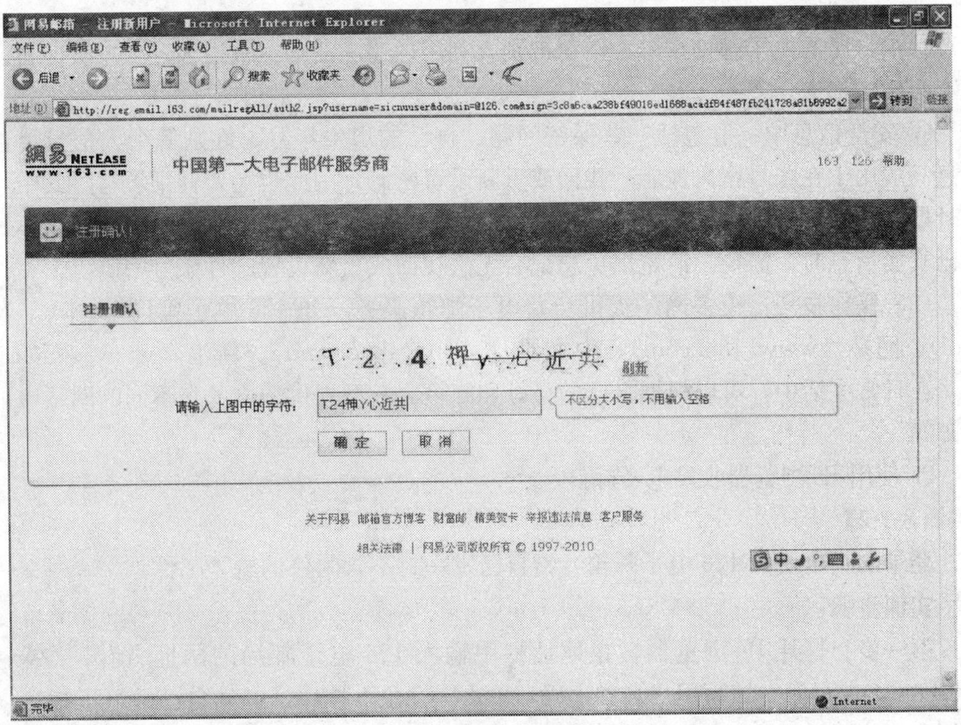

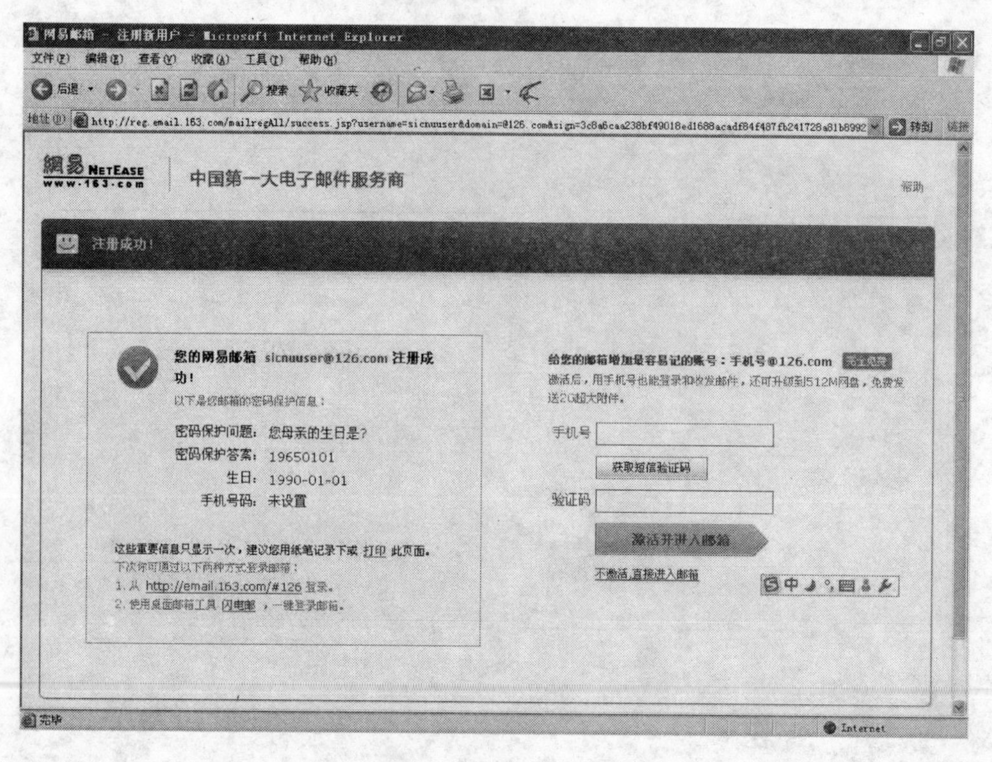

图 8-5

注意保护自己的电子邮件账号，以免被别人利用做违法活动或被黑客轻易攻破使自己遭受不必要的损失。

④ 安全信息中一般包括一些保密问题、自己的出生年月、性别等个人信息，这些信息一般用于在账号密码遗忘后找回或重新设置密码，因此也需要仔细填写。其中，出生日期、性别等个人信息可以不使用真实信息，以免个人信息的意外泄漏。但当不使用自己真实信息时，需要记清楚以免忘记后无法找回或重新设置邮件账号密码。

(3) 操作技巧：很多网站提供免费电子邮箱服务，如126电子邮局（www.126.com)、网易（www.163.com)、中文雅虎（cn.yahoo.com)、新浪（www.sina.com）等，在日常生活中，可以根据自己的喜好和邮箱服务商提供的服务在不同的网站申请电子邮箱。

2. 使用IE浏览器收发电子邮件

【实训 8-1-2】

登录刚刚申请的126电子邮箱，给自己发一封不含附件的电子邮件。

实训步骤：

第一步：打开IE浏览器，在地址栏中输入126电子邮局的网址 http://www.126.com，在页面中填写用户名和密码，单击“登录”按钮，进入自己的电子邮箱（本示例中，使用了sicnuuser这个用户名），如图8-6、图8-7所示。

第二步：在邮箱页面里单击“写信”按钮，进入写新邮件页面，填写邮件的收件

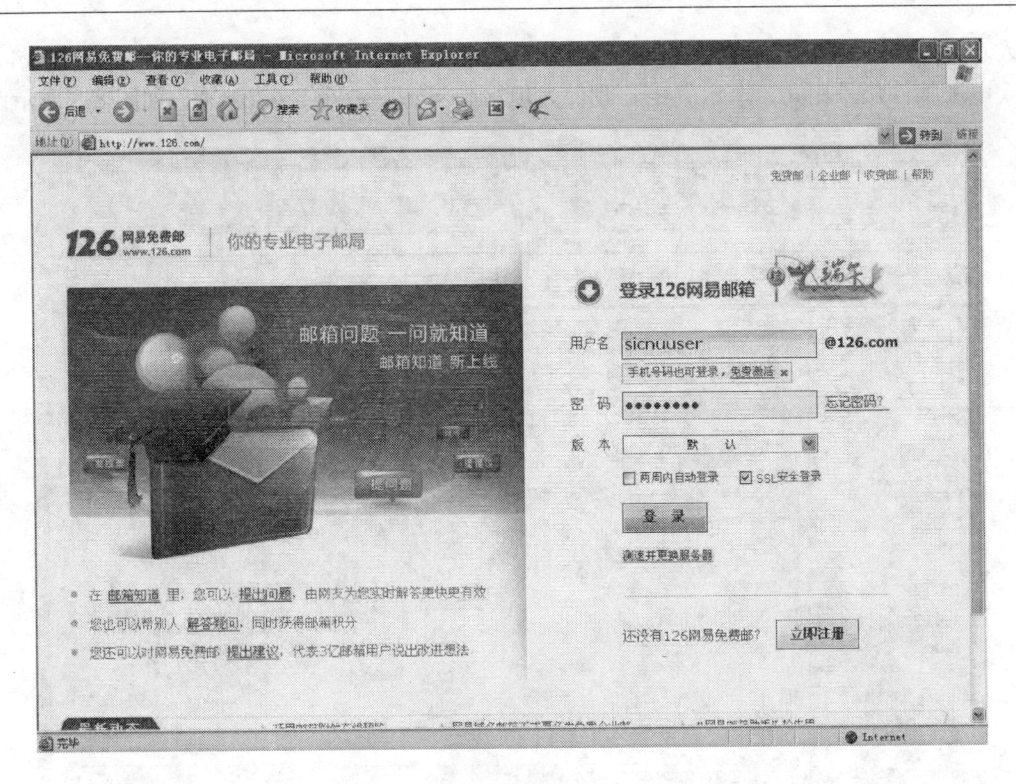
126网易免费邮—你的专业电子邮局 - Microsoft Internet Explorer
文件(F) 编辑(E) 查看(V) 收藏(A) 工具(T) 帮助(H)
后退 搜索 收藏夹
地址(D) http://www.126.com/
转到 链接
免费邮 | 企业邮 | 收费邮 | 帮助
126 网易免费邮 www.126.com
你的专业电子邮局
邮箱问题 一问就知道
邮箱知道 新上线
登录126网易邮箱
用户名
sicnuuser
@126.com
手机号码也可登录，免费激活
密 码
忘记密码?
版 本
默 认
两周内自动登录
SSL安全登录
登 录
还没有126网易免费邮?
立即注册
在 邮箱知道 里，您可以 提出问题，由网友为您实时解答更快更有效
您也可以帮别人 解答疑问，同时获得邮箱积分
您还可以对网易免费邮 提出建议，代表3亿邮箱用户说出改进想法
完毕
Internet

图 8-6

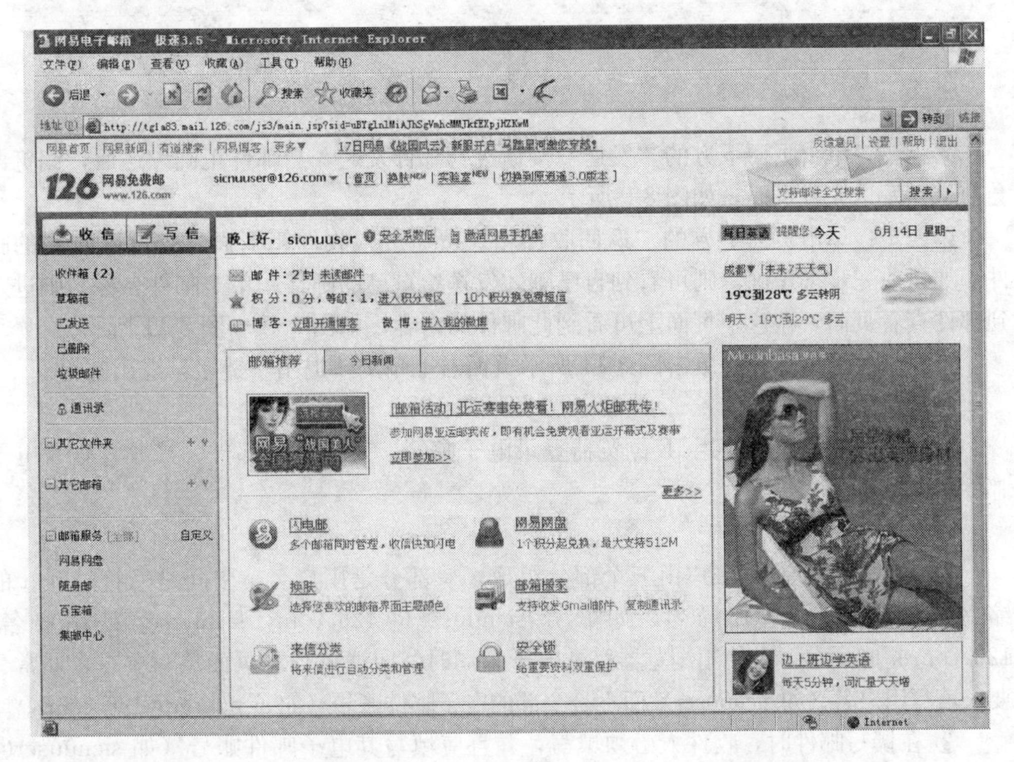
网易电子邮箱 - 极速3.5 - Microsoft Internet Explorer
文件(F) 编辑(E) 查看(V) 收藏(A) 工具(T) 帮助(H)
后退 搜索 收藏夹
转到 链接
网易首页 | 网易新闻 | 有道搜索 | 网易博客 | 更多▼
反馈意见 | 设置 | 帮助 | 退出
126 网易免费邮 www.126.com
sicnuuser@126.com
支持邮件全文搜索
搜索
收 信
写 信
晚上好，sicnuuser
安全系数低
激活网易手机邮
今天
6月14日 星期一
收件箱 (2)
草稿箱
已发送
已删除
垃圾邮件
通讯录
其它文件夹
其它邮箱
邮件：2封 未读邮件
积 分：0分，等级：1，进入积分专区
10个积分换免费短信
博 客：立即开通博客
微 博：进入我的微博
成都▼ [未来7天天气]
19℃到28℃ 多云转阴
明天：19℃到29℃ 多云
邮箱推荐
今日新闻
参加网易亚运邮我传，即有机会免费观看亚运开幕式及赛事
立即参加>>
更多>>
邮箱服务
自定义
网易网盘
随身邮
百宝箱
集邮中心
闪电邮
多个邮箱同时管理，收信快如闪电
网易网盘
1个积分起兑换，最大支持512M
换肤
选择您喜欢的邮箱界面主题颜色
邮箱搬家
支持收发Gmail邮件、复制通讯录
来信分类
将来信进行自动分类和管理
安全锁
给重要资料双重保护
边上班边学英语
每天5分钟，词汇量天天增
Internet

图 8-7

人、主题、内容等项目，其中，收件人填写自己的邮箱地址（即收件人电子账号与发件人电子邮件账号相同，本示例中，收件人填写为 sicnuuser@126. com），如图 8-8 所示。

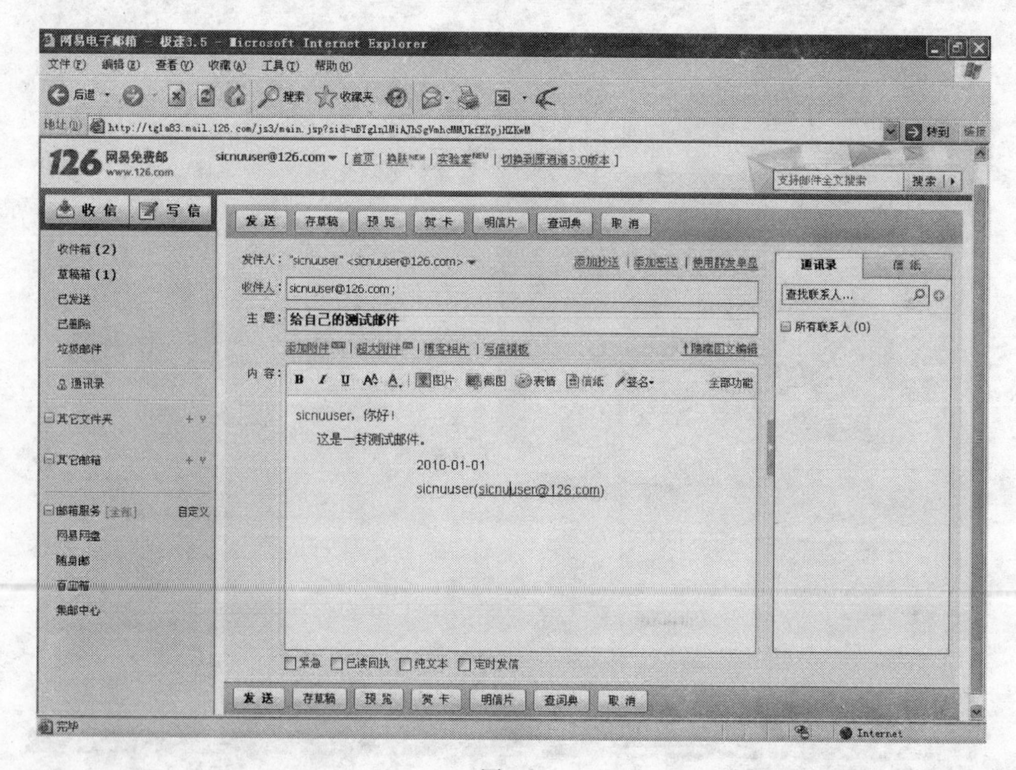

图 8-8

第三步：单击页面下方的“发送”按钮进行邮件发送，当邮件正确发送后，浏览器会前进到发送完成页面，如图 8-9 所示。

第四步：单击页面下方的“返回收件箱”按钮进入收件箱页面，查看已收到的邮件。如果前三步都正确，则可看到自己刚才发送给自己的邮件。单击邮件名称，则进入到邮件查看页面，在这个页面上可看到此邮件的内容，如图 8-10～图 8-11 所示。

第五步：退出邮箱。单击图 8-11 所示页面右上角的“退出”链接，退出邮箱。

注意事项：

（1）实训知识点：使用 IE 浏览器登录电子邮箱，发送电子邮件、接收并查看电子邮件。

（2）操作提示。

① 通常，电子邮件账户由三个部分组成，一部分是用户名，中间是@符号（at 的缩写），后一部分是邮局名，如账号 sicnuuser @ 126. com，sicnuuser 是用户名，126. com 是邮局名。在使用浏览器登录电子邮局时，应注意查看页面填写要求，通常只要求填写用户名（如 sicnuuser）而不是全部的电子邮件账号（如 sicnuuser@126. com）。

② 在撰写邮件时，收件人必须填写，并且应填写其电子邮件账号（如 sicnuuser@126. com）而不仅仅是其用户名（如 sicnuuser）名。

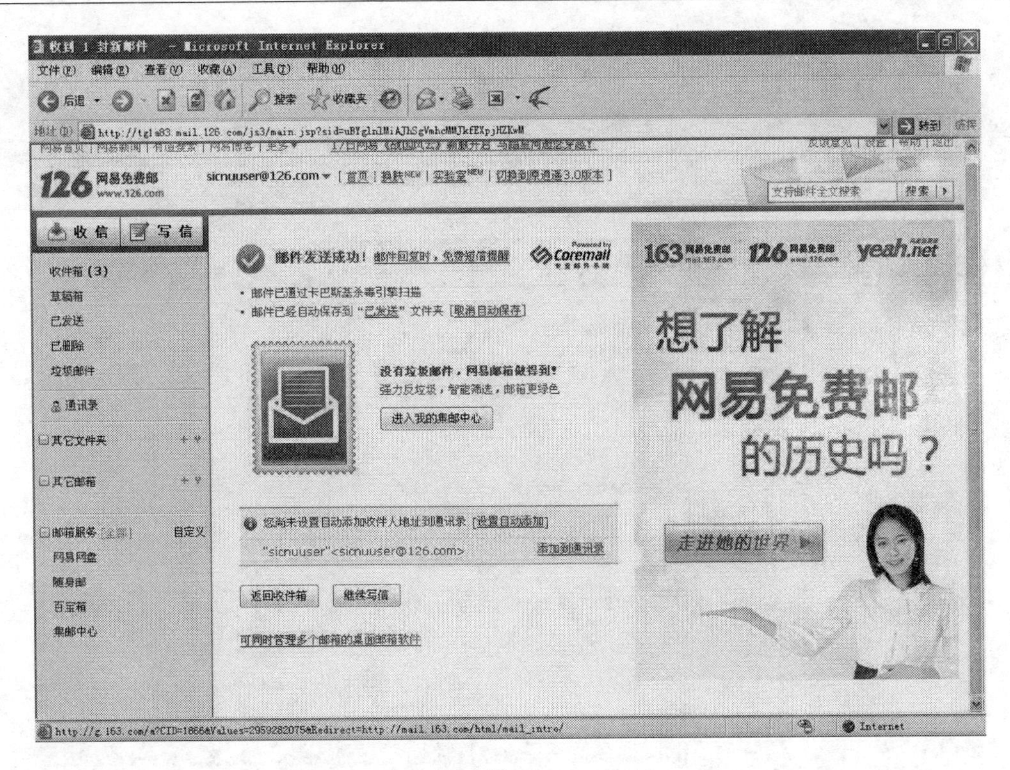
收到 1 封新邮件 - Microsoft Internet Explorer
文件(F) 编辑(E) 查看(V) 收藏(A) 工具(T) 帮助(H)
126 网易免费邮
www.126.com
sicnuuser@126.com
收 信
写 信
收件箱 (3)
草稿箱
已发送
已删除
垃圾邮件
通讯录
其它文件夹
其它邮箱
邮箱服务
自定义
网易网盘
随身邮
百宝箱
集邮中心
邮件发送成功！
邮件已通过卡巴斯基杀毒引擎扫描
没有垃圾邮件，网易邮箱做得到！
进入我的集邮中心
"sicnuuser"<sicnuuser@126.com>
添加到通讯录
返回收件箱
继续写信
可同时管理多个邮箱的桌面邮箱软件
163
126
yeah.net
想了解
网易免费邮
的历史吗？
走进她的世界
Internet

图 8-9

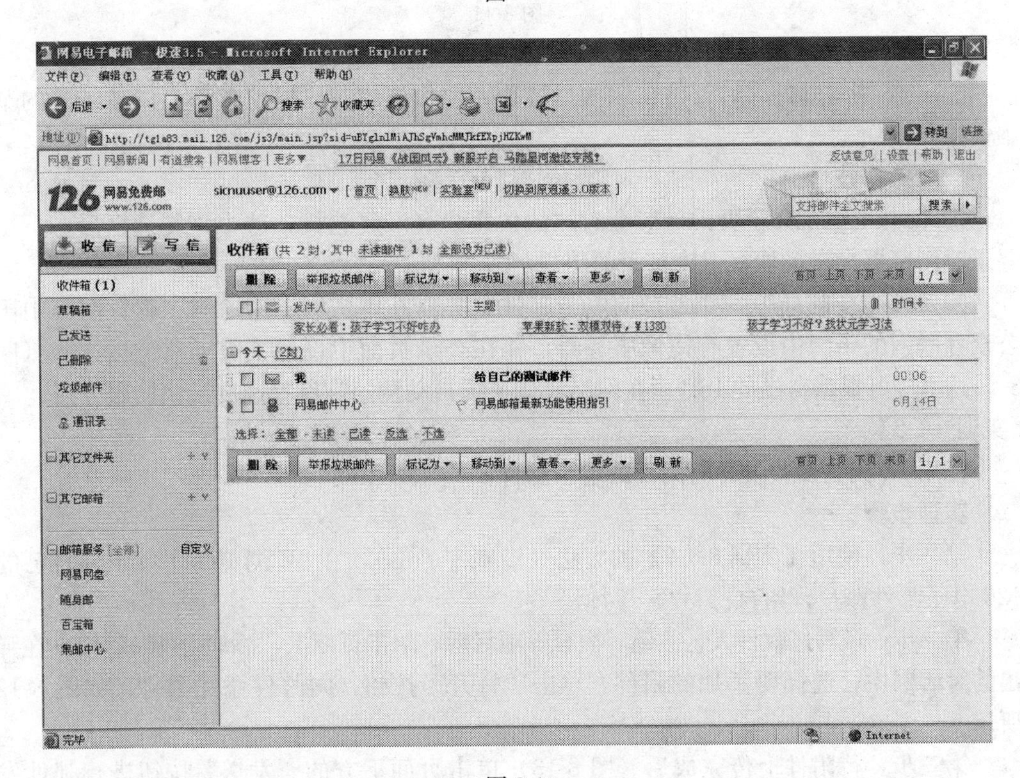
网易电子邮箱 - 极速3.5 - Microsoft Internet Explorer
文件(F) 编辑(E) 查看(V) 收藏(A) 工具(T) 帮助(H)
126 网易免费邮
www.126.com
sicnuuser@126.com
收 信
写 信
收件箱 (共 2 封，其中 未读邮件 1 封 全部设为已读)
删 除
举报垃圾邮件
标记为
移动到
查看
更多
刷 新
收件箱 (1)
草稿箱
已发送
已删除
垃圾邮件
通讯录
其它文件夹
其它邮箱
邮箱服务
自定义
网易网盘
随身邮
百宝箱
集邮中心
发件人
主题
时间
今天 (2封)
我
给自己的测试邮件
00:06
网易邮件中心
网易邮箱最新功能使用指引
6月14日
选择：全部 - 未读 - 已读 - 反选 - 不选
1/1
完毕
Internet

图 8-10

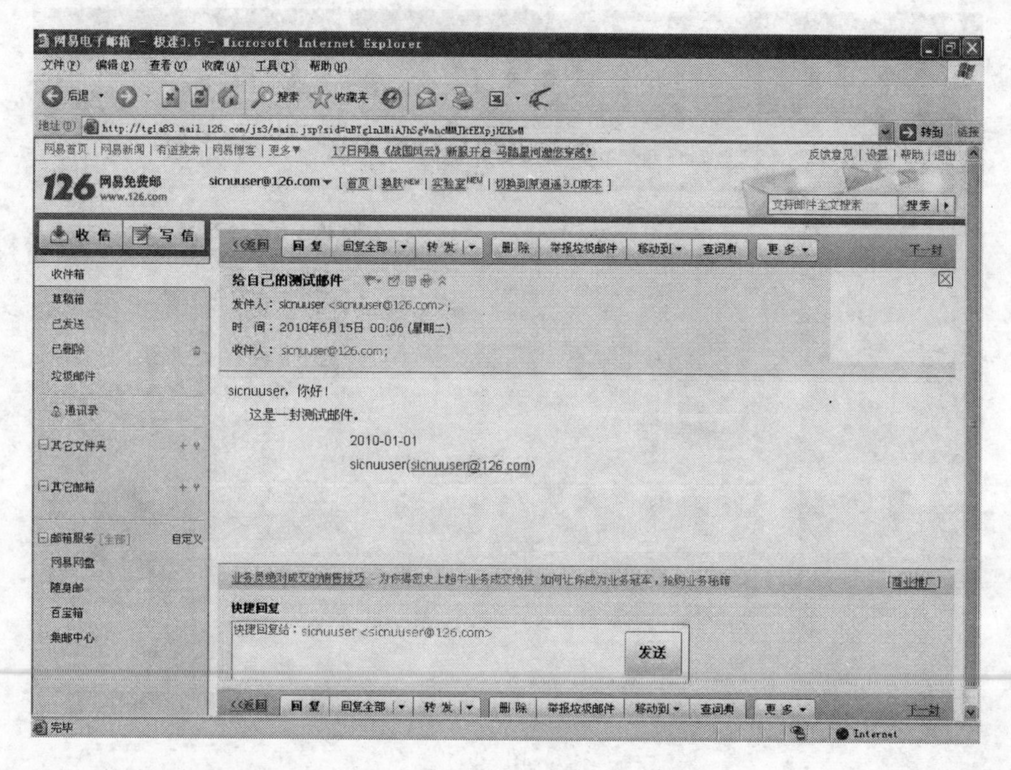

图 8-11

③ 虽然撰写邮件时，邮件主题为可选项，但最好填写，以使收件人清楚邮件的基本信息。

(3) 操作技巧。

① 在电子邮箱登录页，一般会有“记住用户名”复选框，选中该复选框后，下次登录时浏览器会自动填写上次登录的用户名。

② 126 电子邮局等一些大型的电子邮件服务商在电信网、网通网、教育网等中国公众互联网的子网中设置有镜像服务器，并在登录页面中设置了服务器链接选项（图 8-6），用户可根据自己的 ISP 所在网络或让系统自动测速，选择速度最快的服务器。

【实训 8-1-3】

使用 IE 浏览器收发含有附件的电子邮件。

实训步骤：

第一步：使用【实训 8-1-2】的方法（步骤一、二），在 IE 浏览器中登录到自己的 126 电子邮件账户，给自己另写一封信。

第二步：填写好收件人、主题、内容等项目后，单击页面上“添加附件”链接。在弹出的对话框中，选择要添加的附件，单击“打开”按钮，向邮件添加附件，如图 8-12 所示。

第三步：待附件上传完成后（图 8-13）单击页面下方的“发送”按钮进行邮件发送，当邮件正确发送后，浏览器会前进到发送完成页面。

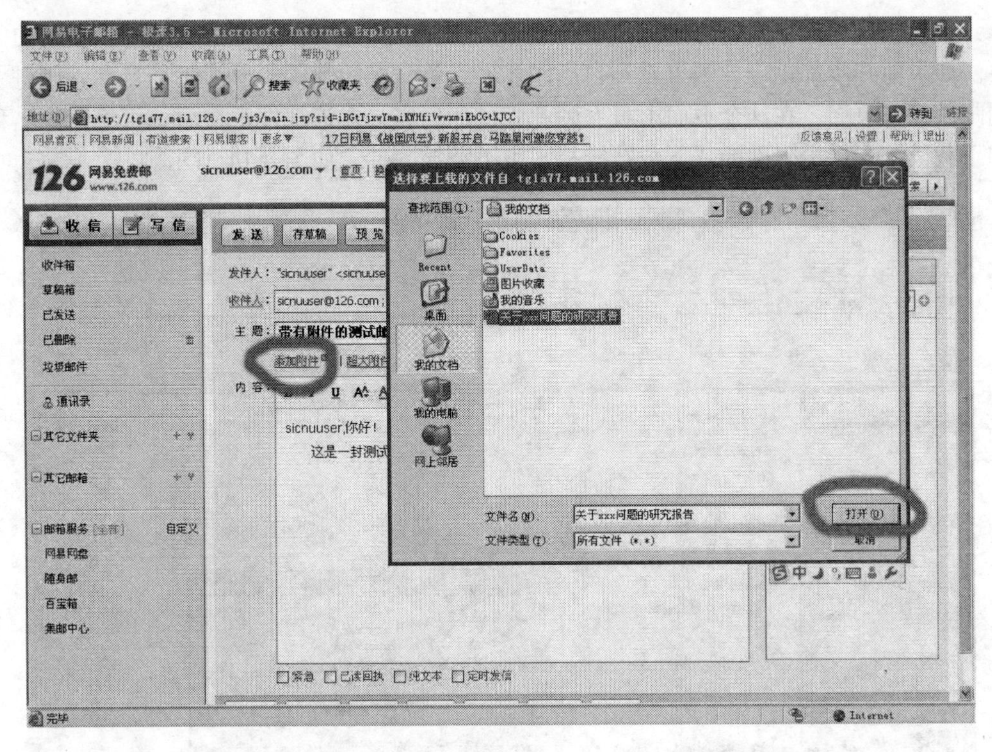
网易电子邮箱 - 极速3.5 - Microsoft Internet Explorer
文件(F) 编辑(E) 查看(V) 收藏(A) 工具(T) 帮助(H)
后退
搜索
收藏夹
地址(D) http://tg1a77.mail.126.com/js3/main.jsp?sid=iBGtTjxwYmmiKNHfiVwxmiEbCGtXJCC
转到
网易首页 | 网易新闻 | 有道搜索 | 网易博客 | 更多
17日网易《战国风云》新服开启 马踏星河邀您穿越!
反馈意见 | 设置 | 帮助 | 退出
126 网易免费邮
www.126.com
sicnuuser@126.com
选择要上载的文件自 tg1a77.mail.126.com
查找范围(I): 我的文档
Cookies
Favorites
UserData
图片收藏
我的音乐
关于xxx问题的研究报告
Recent
桌面
我的文档
我的电脑
网上邻居
文件名(N): 关于xxx问题的研究报告
文件类型(T): 所有文件 (*.*)
打开(O)
取消
收信
写信
发送
存草稿
预览
收件箱
草稿箱
已发送
已删除
垃圾邮件
通讯录
其它文件夹
其它邮箱
邮箱服务 [全部]
自定义
网易网盘
随身邮
百宝箱
集邮中心
发件人: "sicnuuser" <sicnuuse
收件人: sicnuuser@126.com;
主 题: 带有附件的测试邮
添加附件
超大附件
内 容:
sicnuuser,你好!
这是一封测试
紧急
已读回执
纯文本
定时发信
完毕
Internet

图 8-12

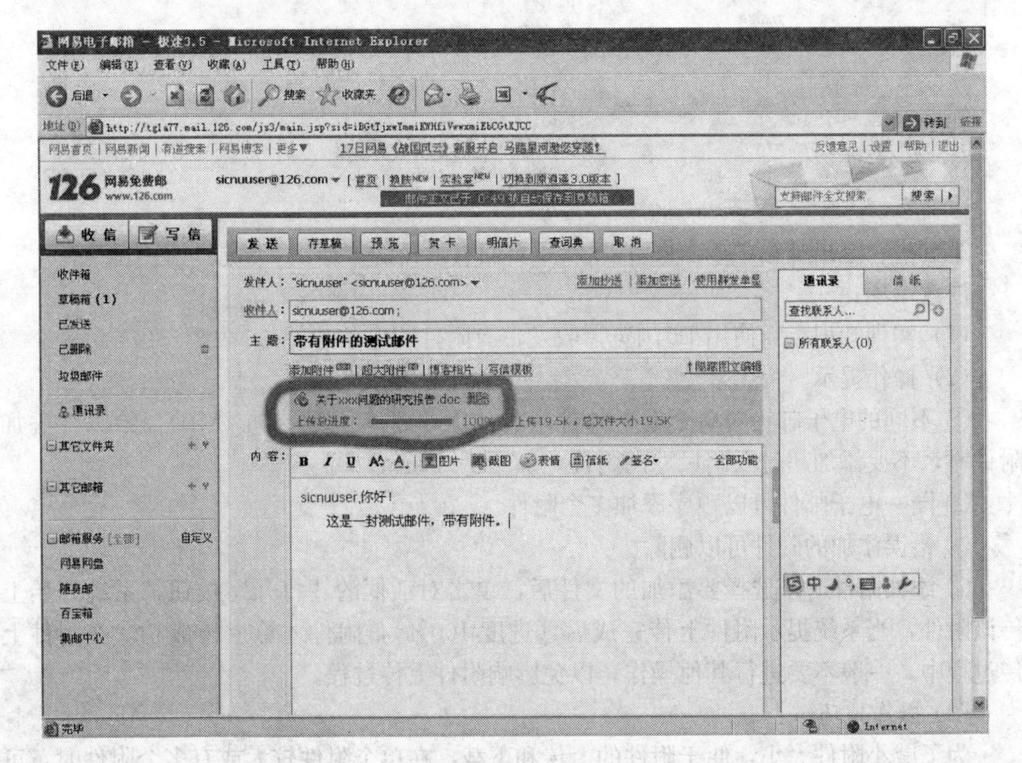
网易电子邮箱 - 极速3.5 - Microsoft Internet Explorer
文件(F) 编辑(E) 查看(V) 收藏(A) 工具(T) 帮助(H)
后退
搜索
收藏夹
地址(D) http://tg1a77.mail.126.com/js3/main.jsp?sid=iBGtTjxwYmmiKNHfiVwxmiEbCGtXJCC
转到
网易首页 | 网易新闻 | 有道搜索 | 网易博客 | 更多
17日网易《战国风云》新服开启 马踏星河邀您穿越!
反馈意见 | 设置 | 帮助 | 退出
126 网易免费邮
www.126.com
sicnuuser@126.com
首页
换肤
实验室
切换到原通道3.0版本
支持邮件全文搜索
搜索
收信
写信
发送
存草稿
预览
贺卡
明信片
查词典
取消
收件箱
草稿箱 (1)
已发送
已删除
垃圾邮件
通讯录
其它文件夹
其它邮箱
邮箱服务 [全部]
自定义
网易网盘
随身邮
百宝箱
集邮中心
发件人: "sicnuuser" <sicnuuser@126.com>
添加抄送 | 添加密送 | 使用群发单显
收件人: sicnuuser@126.com;
主 题: 带有附件的测试邮件
添加附件 | 超大附件 | 博客相片 | 写信模板
隐藏图文编辑
关于xxx问题的研究报告.doc 删除
上传总进度:
内 容:
图片
截图
表情
信纸
签名
全部功能
sicnuuser,你好!
这是一封测试邮件，带有附件。
通讯录
信纸
查找联系人...
所有联系人 (0)
完毕
Internet

图 8-13

第四步：单击页面下方的“返回收件箱”按钮进入收件箱页面，查看已收到的邮件。如果前三步都正确，则可看到自己刚才发送给自己的邮件。单击邮件名称，则进入到邮件查看页面，在这个页面上可看到此邮件的内容，在该邮件正文后，可见附件名称和下载链接，单击附件的“下载”链接，可下载该附件，如图 8-14 所示。

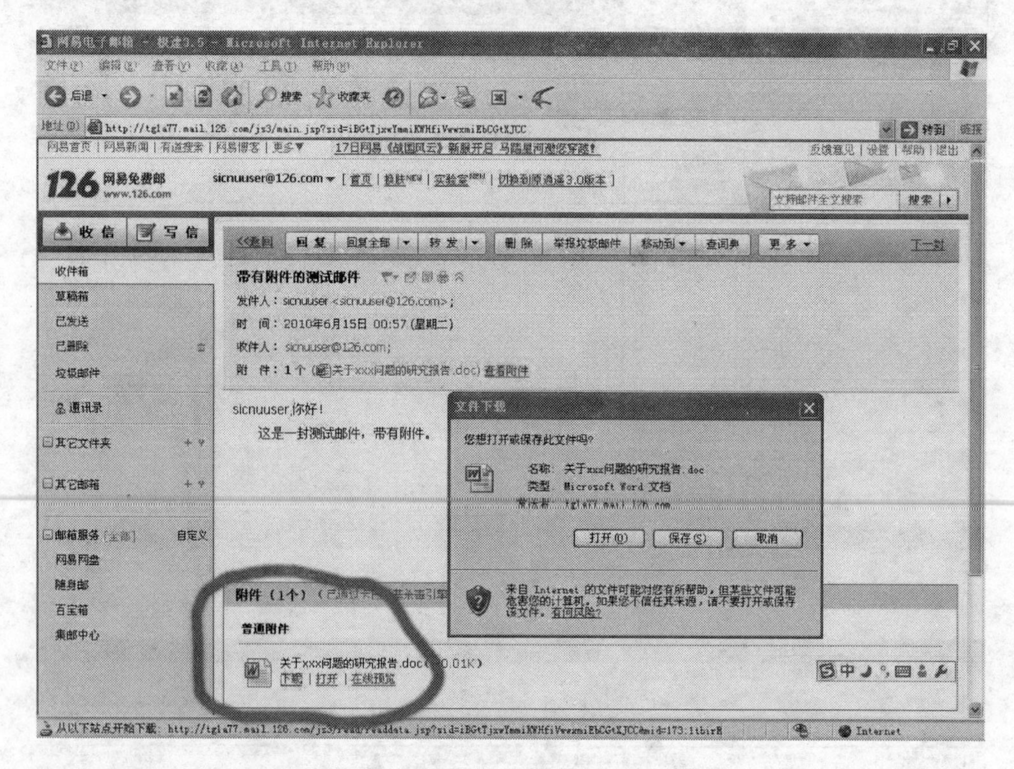

图 8-14

第五步：退出邮箱。单击图 8-13 所示页面右上角的“退出”链接，退出邮箱。

注意事项：

（1）实训知识点：使用 IE 浏览器收发带有附件的电子邮件。

（2）操作提示。

① 不同的电子邮箱对单个电子邮件附件的大小都有限制（如 2MB），给邮件添加附件时，不要添加超过限制尺寸的附件。

② 同一电子邮件可以顺序添加多个附件。

③ 错误添加的附件可以删除。

④ 添加附件时，选择要添加的文件后，单击对话框的“打开”按钮，系统开始上传该附件，当系统提示附件上传完成后（进度 100%），附件才算上传成功。在附件上传过程中，一般不要进行其他操作，以免影响附件上传过程。

(3) 操作技巧。

为了减小附件大小，便于附件的上传和下载，在单个附件较大或有多个附件时，可对附件先进行打包压缩后再上传。

3. 使用 Outlook Express 收发电子邮件

【实训 8-1-4】

配置 Outlook Express 电子邮件账户。

实训步骤：

第一步：启动 Outlook Express，在菜单栏上单击“工具”→“帐户”命令，打开账户配置对话框，单击“邮件”选项卡，进入邮件账户配置页，如图 8-15 所示。

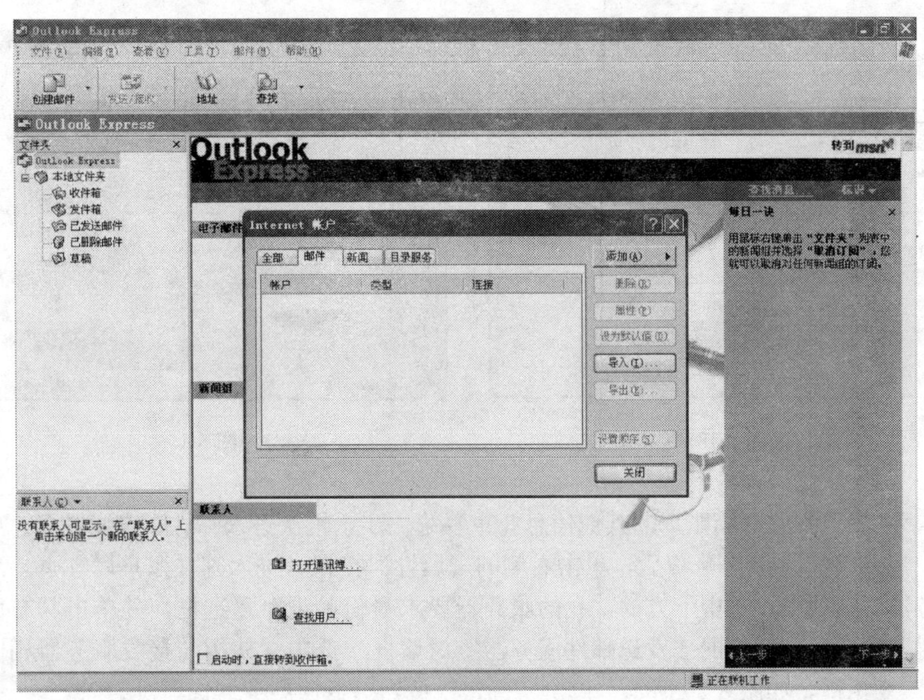

图 8-15

第二步：单击邮件账户配置页上的“添加”按钮，在菜单中选择“邮件”选项，打开“Internet 连接向导”对话框，在“显示名”文本框中输入邮件账户名，如图 8-16 所示，单击“下一步”按钮。

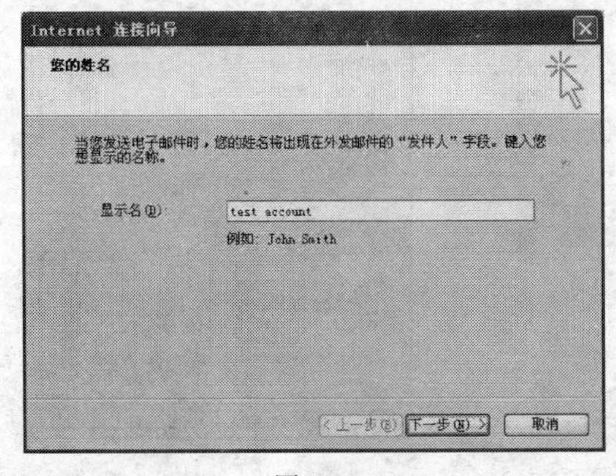

图 8-16

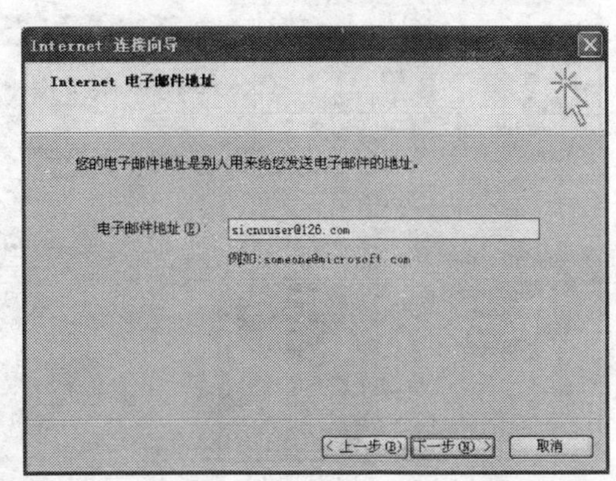

图 8-17

第三步：填写已经申请的有效电子邮件地址，如图 8-17 所示，单击“下一步”按钮。

第四步：填写电子邮箱接收服务器和发送服务器的类型和地址，本例中，接收服务器类型为 POP3，地址为 pop. 126. com，发送服务器类型为 SMTP，地址为 smtp. 126. com，如图 8-18 所示，单击“下一步”按钮。

第五步：填写邮箱账户名和密码，示例使用了账户 sicnuuser，如图 8-19 所示。单击“下一步”按钮完成邮箱基本配置。

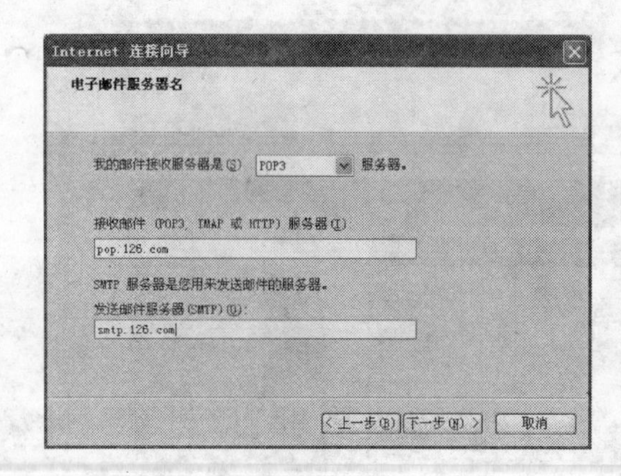

图 8-18

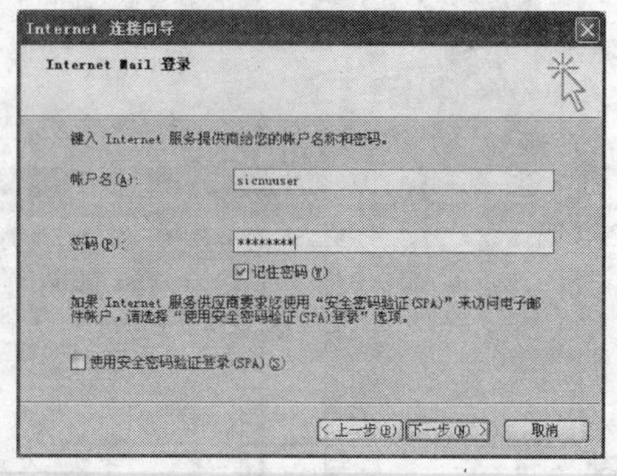

图 8-19

第六步：配置邮箱账户的其他信息。重复第一步，再次进入邮件账户配置页，单击选中“pop. 126. com”账户后，单击右侧的“属性”按钮，进入邮件账户属性页。单击“服务器”选项卡，选中下方的“我的服务器要求身份验证”复选框，并单击其右侧的“设置”按钮，在弹出的“发送邮件服务器”对话框中选中“使用与接收服务器相同的设置”复选框，如图 8-20 所示，单击“确定”按钮后返回服务器选项对话框。

第七步：配置邮件保存方式：在邮件账户属性对话框中单击“高级”选项卡，进入邮件账户高级配置页。在其中选中“在服务器上保留邮件副本”复选框，如图 8-21 所示，单击“确定”按钮后返回服务器选项页面。

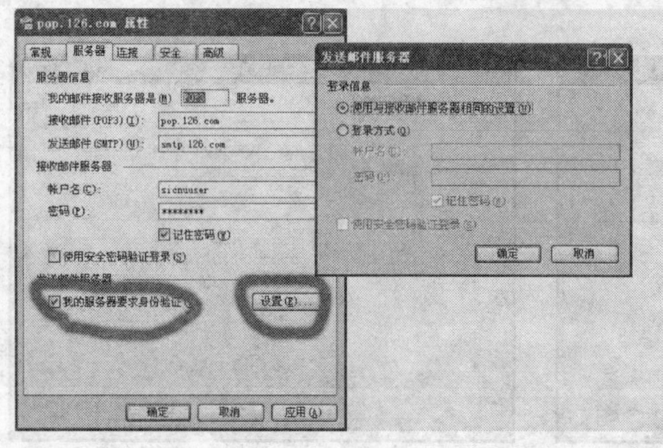

图 8-20

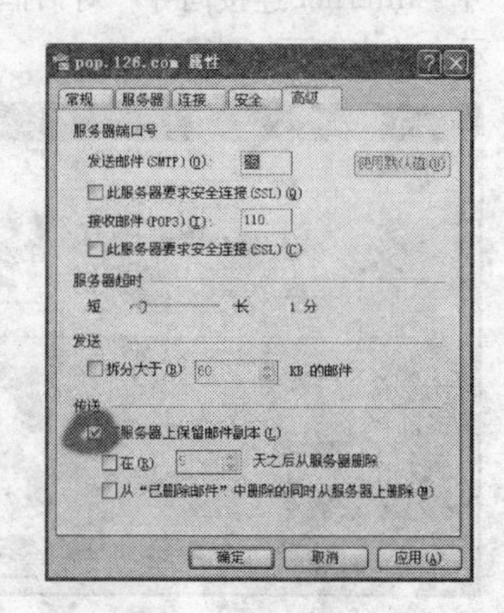

图 8-21

第八步：关闭邮件账户属性页，完成在 Outlook Express 中的电子邮件账户配置。

注意事项：

(1) 实训知识点。

在 Outlook Express 中配置电子邮件账户。

(2) 操作提示。

① 在 Outlook Express 中，只能配置已有的电子邮件账户，不能申请新的电子邮件账户。

② 在 Outlook Express 中，只能配置服务器类型为 POP/SMTP 或 IMAP/SMTP 类型的电子邮件账户，不能配置纯粹的 Web 邮件账户。

③ 如果不进行第六步操作，则每次在 Outlook Express 中发送电子邮件时会提示输入账户和密码。

④ 如果不进行第七步操作，则 Outlook Express 接收该账户邮件后，会将服务器上的邮件副本删除，则在另一台机器无法接收这些邮件，重新安装或配置 Windows 系统后也无法再次接收这些邮件。

(3) 操作技巧。

在配置过程中，显示名是用于记忆和识别方便的，可填写真实姓名或容易识别的名称。

【实训 8-1-5】

在 Outlook Express 中撰写并收发电子邮件。

实训步骤：

第一步：启动 Outlook Express，在菜单栏上单击“创建邮件”按钮，打开邮件撰写窗口。在其中填写收件人（使用自己刚刚配置的账户给自己发信）、主题和正文内容。然后在该窗口菜单栏中单击“附件”按钮，加入附件，如图 8-22 所示。

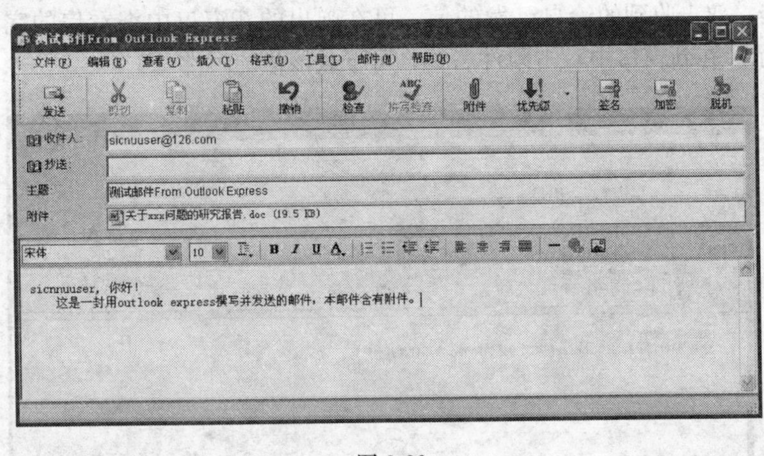

图 8-22

第二步：单击邮件撰写窗口菜单栏上的“发送”按钮，发送邮件。

第三步：在 Outlook Express 窗口菜单栏上单击“发送/接收”按钮，将全部未发送的邮件进行发送，同时接收所有未接收的邮件。此时，Outlook Express 自动跳转到“收件箱”栏目，显示所有接收到的邮件。其中，未查看的邮件会以加粗字体和未打开的信封图标显示。单击收到的给自己发的信，可查看其正文内容，如图 8-23 所示。

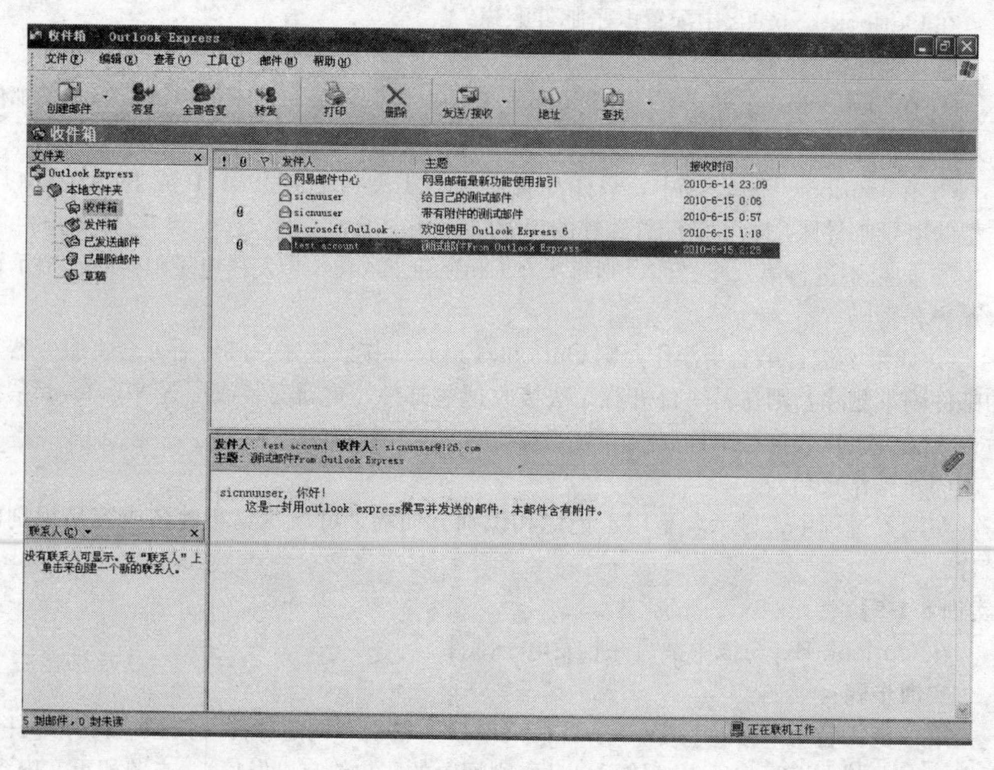

图 8-23

第四步：双击收到的给自己发的信，可在弹出的新窗口中查看信的完整内容，如图 8-24 所示。在新窗口中双击附件名称，可下载该信的附件。

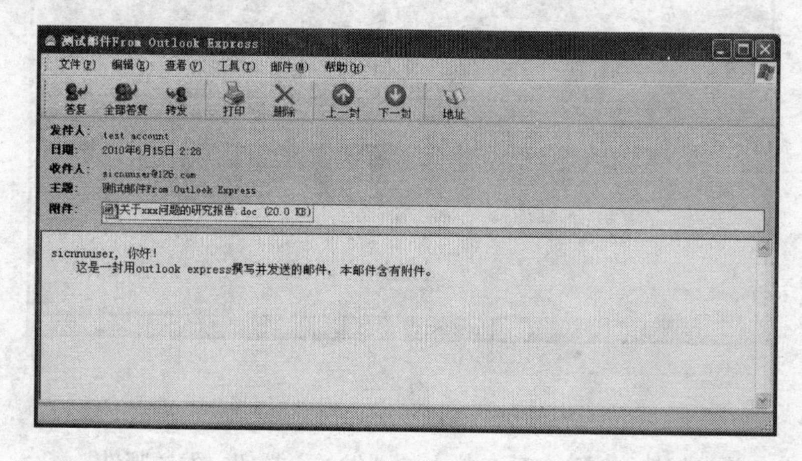

图 8-24

注意事项：

（1）实训知识点。

① 在 Outlook Express 中撰写并发送电子邮件。

② 在 Outlook Express 中接收电子邮件。

（2）操作提示。

Outlook Express 会自动收发邮件，如果新邮件写好后未单击“发送”按钮，会保存在草稿箱中，并在退出 Outlook Express 时自动发送。

实训项目二　网页页面的保存，网页中文本和图片的下载与保存

一、实训目的

（1）保存网页页面。

（2）下载和保存网页中的文本与图片。

二、实训内容

1. 保存网页页面

【实训 8-2-1】

启动 IE 浏览器，在地址栏输入“http：//www. huanqiu. com”，在 IE 浏览器菜单中选择“文件”→“另存为”命令，打开“网页保存”对话框，分别使用保存类型中的“网页，全部（＊. htm；＊. html）”选项（图 8-25）和“Web 档案，单一文件（＊. mht）”

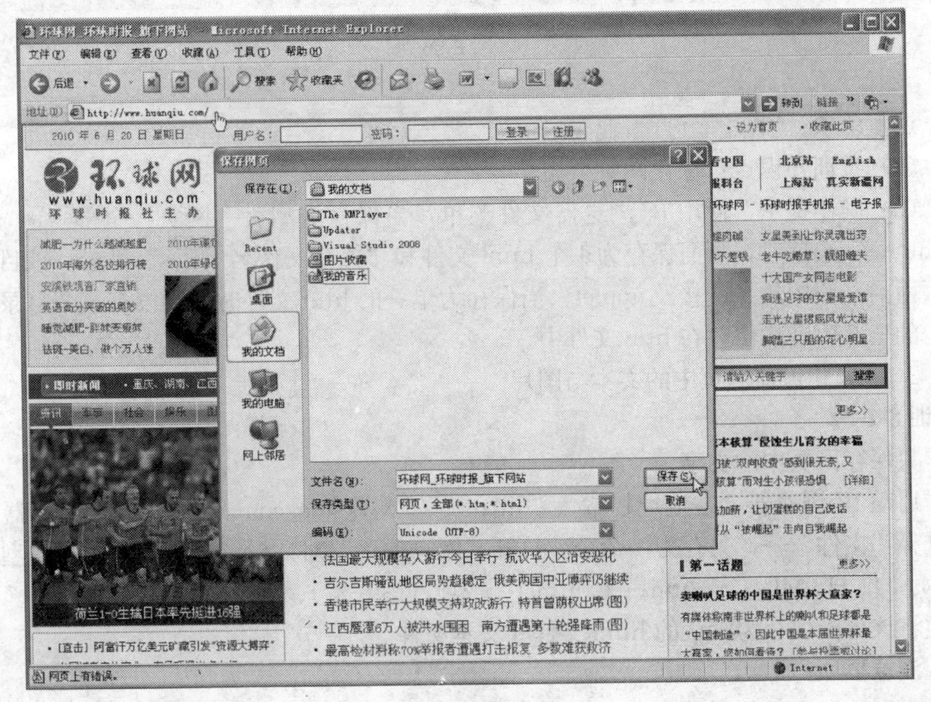

图 8-25

等 2 个选项将该页面保存为默认的 html 文件和单一的 htm 文件。

保存页面后，可在 IE 浏览器打开时，使用“文件”→“打开”→“浏览”命令，找到已保存的页面文件并将其打开进行浏览，如图 8-26 所示。

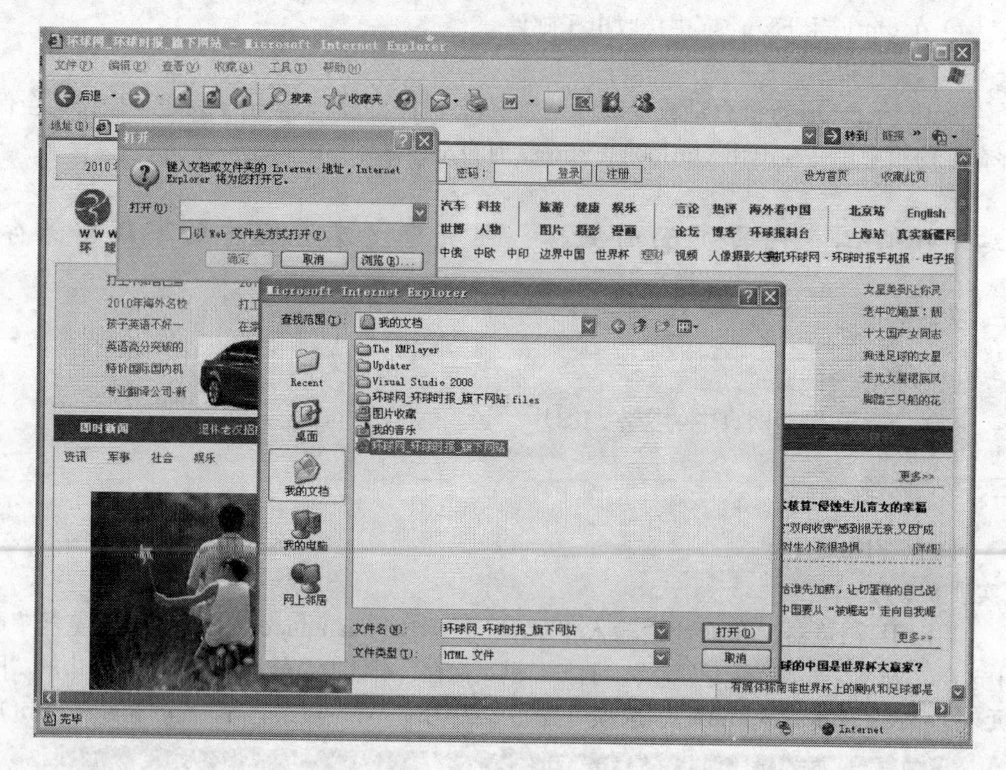

图 8-26

注意事项：

（1）实训知识点：保存网页页面。

（2）操作提示：使用 IE 浏览器文件菜单，当保存类型为“网页，全部（*.htm; *.html)”选项时，页面保存为 1 个 html 文件和“保存文件名 .files”目录，该目录下为页面内一些图片、链接及 applet，当保存为单一的 htm 文件时，则没有这个目录，网页内的全部内容均保存在 htm 文件中。

2. 下载和保存网页中的文本与图片

【实训 8-2-2】

只保存网页中的文字。

启动 IE 浏览器，在地址栏输入“http：//www. sina. com. cn”，在 IE 浏览器菜单中选择“文件”→“另存为”命令，打开“网页保存”对话框，分别使用保存类型中的“网页，仅 HTML（*. htm; *. html)”选项（图 8-27）和“文本文件（*. txt)”2 个选项将该页面保存为默认的 html 文件和文本文件。

注意事项：

实训知识点：① 将网页页面中的文字保存为 html 文件。② 将网页页面中的文字保

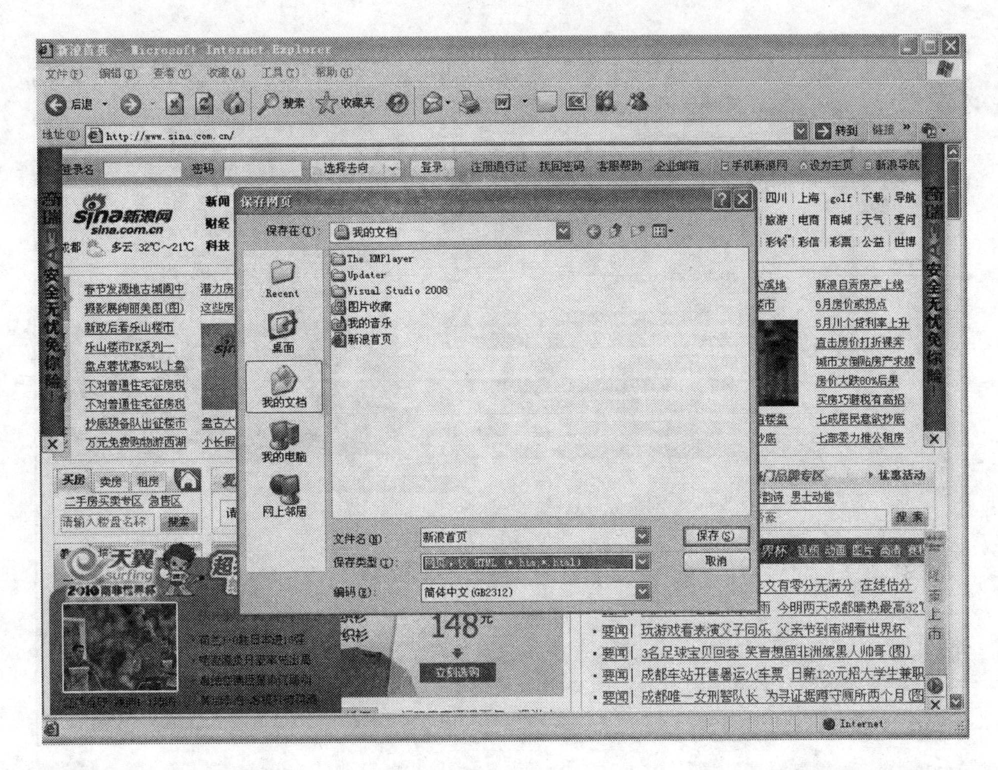

图 8-27

存为文本文件。

【实训 8-2-3】

保存网页页面中的文本和图片。

打开 IE 浏览器，输入网址“http：//news.163.com/10/0120/09/5TF8A2I1000120GU.html”。将其中正文文字部分另存为 news.txt 文件，将其中图片另存为 pic01.jpg。存盘的位置为默认保存目录。

实训知识点：保存网页页面中的文本和图片。

实训步骤：

第一步：在 IE 浏览器地址栏中输入 ULR 地址“http：//news.163.com/10/0120/09/5TF8A2I1000120GU.html”。

第二步：在正文部分文字的开始位置前面按下鼠标左键，拖拽鼠标至全部正文以高亮方式显示，以选中全部正文，然后释放鼠标左键。

第三步：右击鼠标，在弹出的快捷菜单中选择“复制”命令，如图 8-28 所示。

第四步：打开记事本（notepad），在菜单中选择“编辑”→“粘贴”命令，将从网页中复制的文本粘贴到记事本中，如图 8-29 所示，并使用默认目录保存为“news.txt”。

第五步：在网页中选择新闻图片并右击，在弹出的快捷菜单中选择“图片另存为”命令，如图 8-30 所示。使用默认保存目录，将图片保存为“newspic.jpg”。

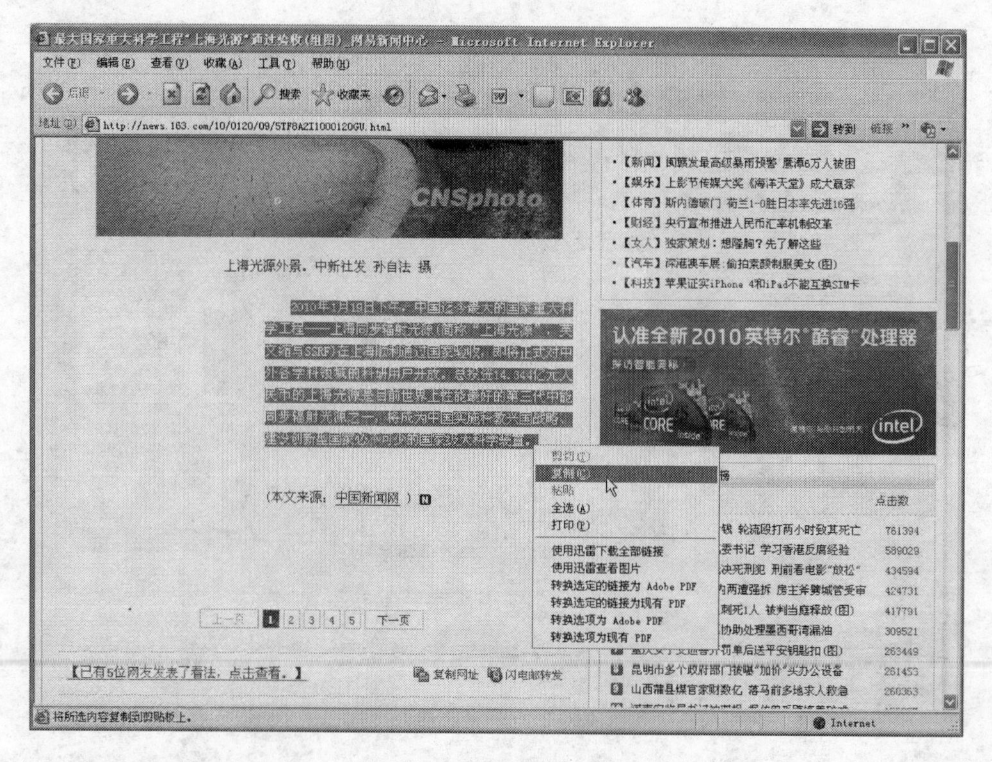
最大国家重大科学工程"上海光源"通过验收(组图)_网易新闻中心 - Microsoft Internet Explorer
文件(F) 编辑(E) 查看(V) 收藏(A) 工具(T) 帮助(H)
后退 搜索 收藏夹
地址(D) http://news.163.com/10/0120/09/5TF8AZI1000120GU.html
转到 链接
•【新闻】闽赣发最高级暴雨预警 鹰潭6万人被困
•【娱乐】上影节传媒大奖《海洋天堂》成大赢家
•【体育】斯内德破门 荷兰1-0胜日本率先进16强
•【财经】央行宣布推进人民币汇率机制改革
•【女人】独家策划：想隆胸？先了解这些
•【汽车】深港澳车展：偷拍素颜刺眼美女(图)
•【科技】苹果证实iPhone 4和iPad不能互换SIM卡
CNSphoto
上海光源外景。中新社发 孙自法 摄
认准全新2010英特尔"酷睿"处理器
(本文来源：中国新闻网)
剪切(T)
复制(C)
粘贴
全选(A)
打印(P)
使用迅雷下载全部链接
使用迅雷查看图片
转换选定的链接为 Adobe PDF
转换选定的链接为现有 PDF
转换选项为 Adobe PDF
转换选项为现有 PDF
点击数
上一页 1 2 3 4 5 下一页
【已有5位网友发表了看法，点击查看。】
复制网址 闪电邮转发
昆明市多个政府部门接喊"加价"实力公设备
山西蒲县煤官家财数亿 落马前多地求人救急
将所选内容复制到剪贴板上。
Internet

图 8-28

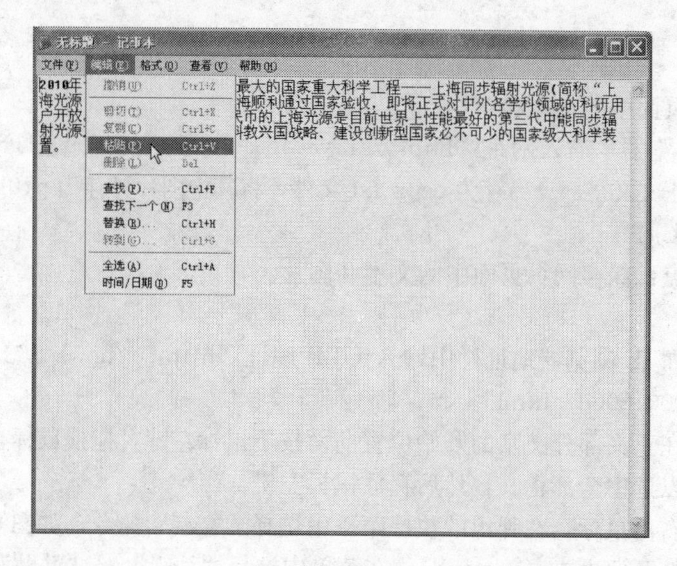
无标题 - 记事本
文件(F) 编辑(E) 格式(O) 查看(V) 帮助(H)
撤销(U) Ctrl+Z
剪切(T) Ctrl+X
复制(C) Ctrl+C
粘贴(P) Ctrl+V
删除(L) Del
查找(F)... Ctrl+F
查找下一个(N) F3
替换(R)... Ctrl+H
转到(G)... Ctrl+G
全选(A) Ctrl+A
时间/日期(D) F5
最大的国家重大科学工程——上海同步辐射光源(简称"上
海顺利通过国家验收，即将正式对中外各学科领域的科研用
民币的上海光源是目前世界上性能最好的第三代中能同步辐
科教兴国战略、建设创新型国家必不可少的国家级大科学装

图 8-29

图 8-30

实训项目三　共享方式传输文件

一、实训目的

(1) 掌握 Windows XP 在局域网中使用匿名用户（Guest 账户）进行共享文件所需进行的配置。

(2) 掌握在 Windows XP 局域网共享方式下，使用匿名方式（Guest 账户）将文件对其他计算机/用户进行共享的方法和将传输他人所共享的文件到自己计算机的方法。

二、实训内容

1. 配置 Windows XP，使其在局域网中能通过匿名用户共享文件

【实训 8-3-1】

(1) 将 2 台要进行局域网共享的计算机通过交换机或集线器连接起来。

(2) 配置要进行共享的 2 台计算机，配置内容包括：

① 计算机名称与工作组。配置第 1 台计算机名称为 PC01，第 2 台计算机名称为 PC02，2 台计算机的工作组均为 Workgroup。

② IP 地址。设置第 1 台计算机 IP 地址/子网掩码为 192.168.1.1/255.255.255.0，第 2 台计算机 IP 地址/子网掩码为 192.168.1.2/255.255.255.0。

③ 防火墙。设置 2 台计算机的 Windows 防火墙状态为“启用”，“例外”项中允许“文件和打印机共享”。

④ 启用 Guest 来宾账户：分别设置 2 台计算机的来宾账户 Guest 为启用。

⑤ 组策略配置。配置 2 台计算机的组策略，使得 2 台计算机均配置为：

a. 允许 guest 用户从网络访问；

b. 允许空白密码账户从网络访问。

(3) 配置完成后，分别打开 2 台计算机上的“网上邻居”，查看是否可看到另一台计算机。如能看到自己的计算机和另一台计算机，则配置成功，见图 8-47。

注意事项：

实训知识点：

(1) 配置计算机名称和工作组。

(2) 配置计算机的静态 IP 地址。

(3) 配置 Windows 防火墙。

(4) 配置计算机账户。

(5) 配置 Windows XP 的组策略中的安全策略与网络访问策略。

实训步骤：

第一步：配置第 1 台计算机（以下简称 PC01）。

(1) 配置计算机名称和工作组。

使用鼠标右击“我的电脑”图标，弹出“系统属性”对话框，单击“计算机名”选项卡，如图 8-31 所示。

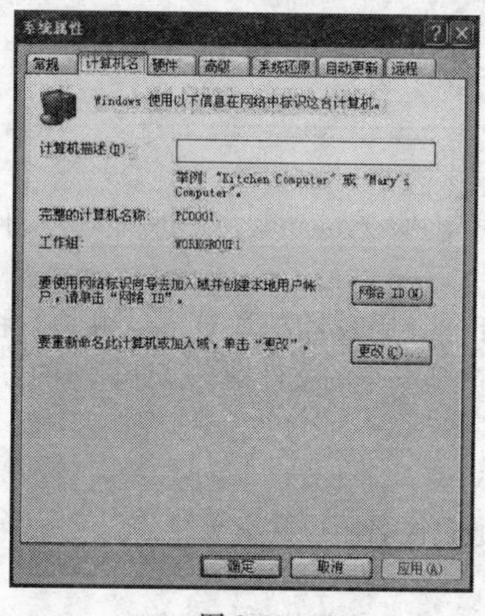

图 8-31

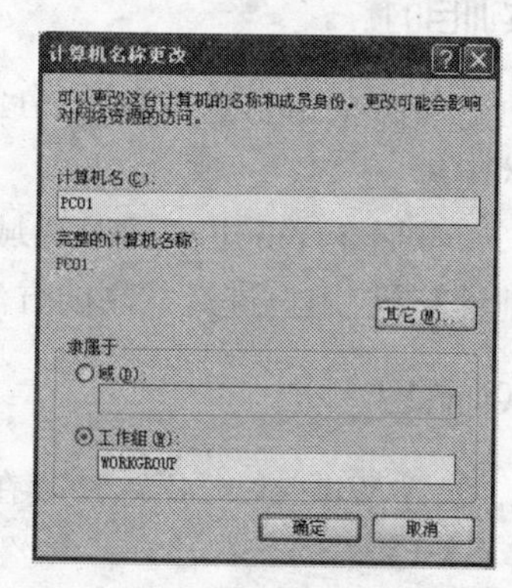

图 8-32

单击选项卡右下方的“更改”按钮，在弹出的“计算机名称更改”对话框中，将“计算机名（C）”下方的文本框中的文字改为 PC01，在“隶属于”参数组中选择“工作组”，并将其下方的文本框中的文字改为 WORKGROUP（图 8-32）。单击“确定”按钮，待弹出的“计算机名更改”对话框显示“欢迎加入 WORKGROUP 工作组。”后，单击该对话框中的“确定”按钮，并在对话框文字改变为“要使更改生效，必须重新启动计算机。”后再次单击该对话框中的“确定”按钮，返回“计算机名”选项卡。单击该选项卡下方的“确定”按钮，关闭该对话框，并在弹出的“系统设置改变”对话框中单击“是”按钮（图 8-33）。系统重新启动后，该计算机名称成功更改为 PC01，工作组改为 WORKGROUP。

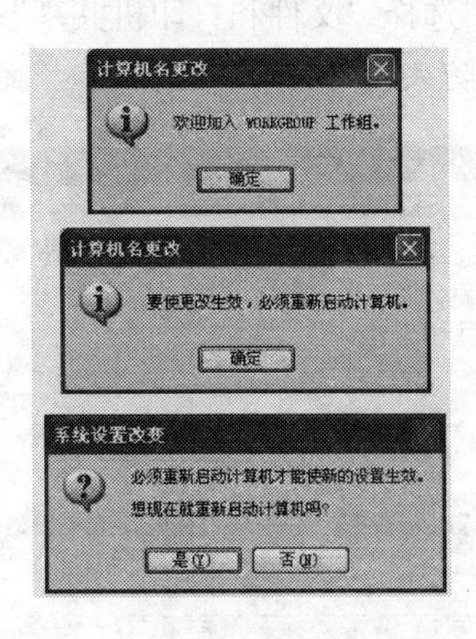

图 8-33

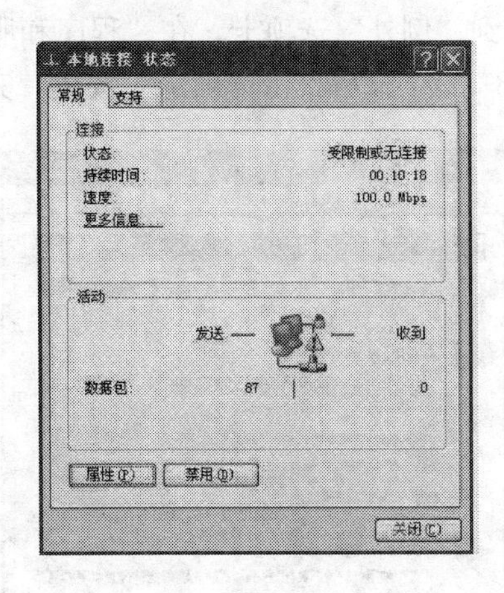

图 8-34

(2) 配置静态 IP 地址。

打开“控制面板”窗口，双击其中的“网络连接”图标，打开网络连接窗口，双击其中的“本地连接”图标，打开“本地连接 状态”对话框（图 8-34），单击对话框中的“属性”按钮，打开“本地连接 属性”对话框，在“此连接使用下列项目”列表框中选择“Internet 协议（TCP/IP)”选项，单击“属性”按钮（图 8-35），打开 Internet 协议（TCP/IP）属性对话框（图 8-36）。在“常规”选项卡里，选中“使用下面的 IP 地址”单选按钮，并做如下配置：在“IP 地址”文本框中输入“192.168.1.1”。在“子

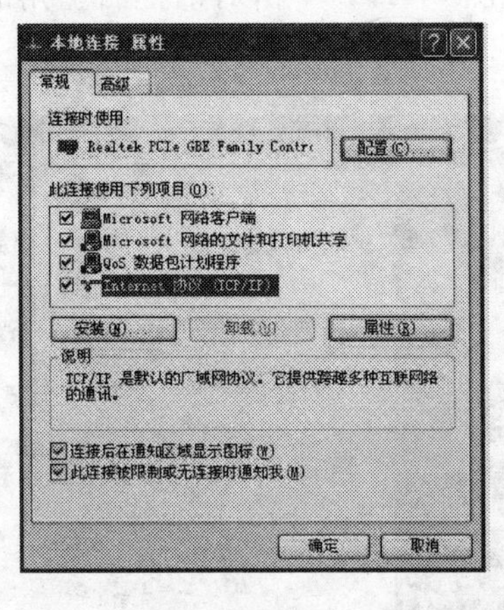

图 8-35

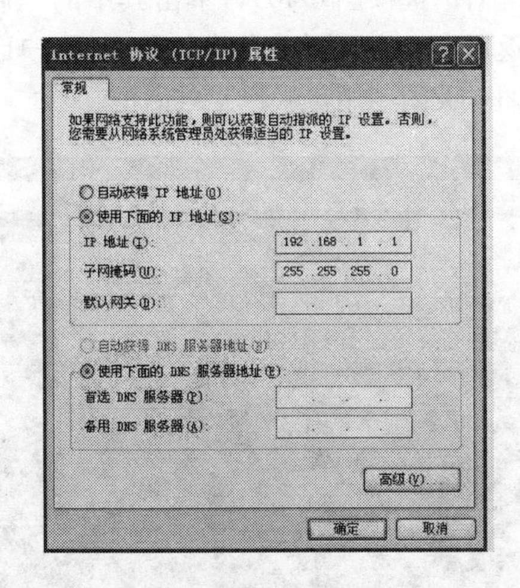

图 8-36

网掩码（*U*）”文本框中输入“255.255.255.0”。单击“确定”按钮返回“本地连接”对话框，单击“关闭”按钮完成 IP 地址配置。

（3）配置 Windows 防火墙。

打开“控制面板”窗口，双击“Windows 防火墙”图标，打开“Windows 防火墙配置”对话框，在“常规”选项卡中选中“启用（推荐）”单选按钮（图 8-37），然后切换到“例外”选项卡，在“程序和服务”列表框中选择“文件和打印机共享”复选框（图 8-38），最后单击“确定”按钮，完成 Windows 防火墙配置。

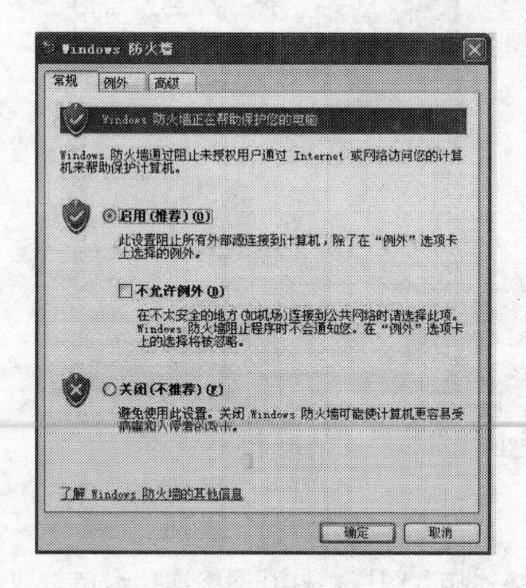

图 8-37

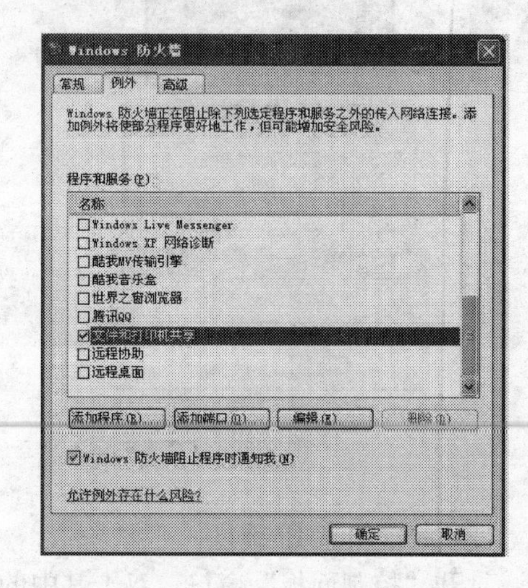

图 8-38

（4）启用“Guest 来宾帐户”。

打开“控制面板”窗口，双击“用户帐户”图标，打开用户账户管理对话框（图 8-39），默认情况下 Guest 来宾账户是未启用的，单击 Guest 账户，打开 Guest 账户的管理对话框（图 8-40），单击其中的“启用来宾帐户”按钮，则系统启用 Guest 账户，并返回上一个页面。此时，Guest 账户已经启用（图 8-41），单击对话框右上角的关闭按钮，关闭“用户帐户”对话框。

图 8-39

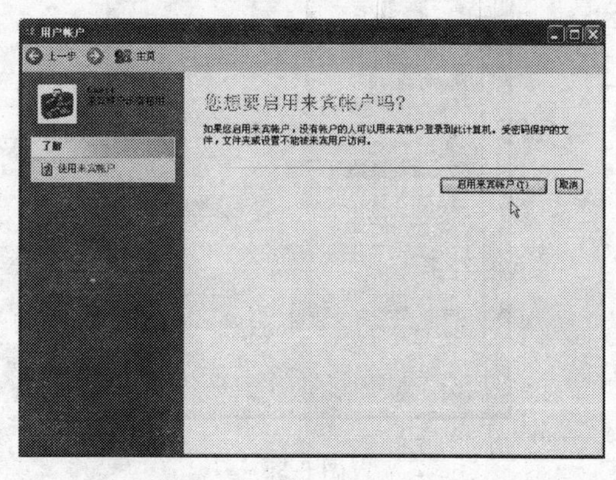

图 8-40

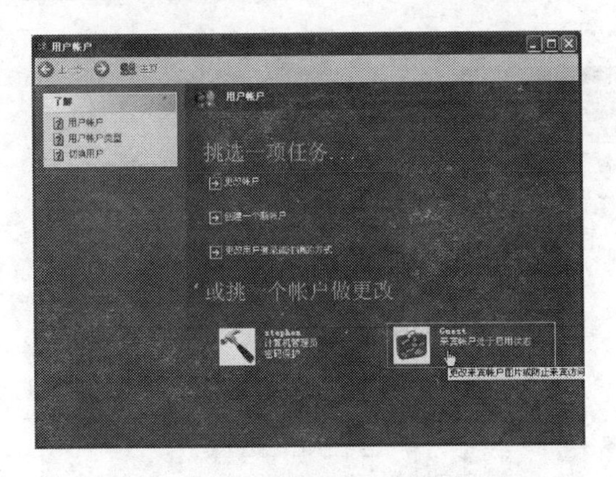

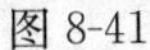
图 8-41

图 8-42

(5) 配置 Windows XP 的组策略中的安全策略与网络访问策略。

由于 Windows XP 在安全性上的加强，在配置了上述 4 个项目后，还需配置组策略才能使 Windows 运行匿名共享。在“开始”→“运行”对话框中输入“gpedit. msc”，并单击“确定”按钮（图 8-42）即可启动组策略编辑器（图 8-43）。

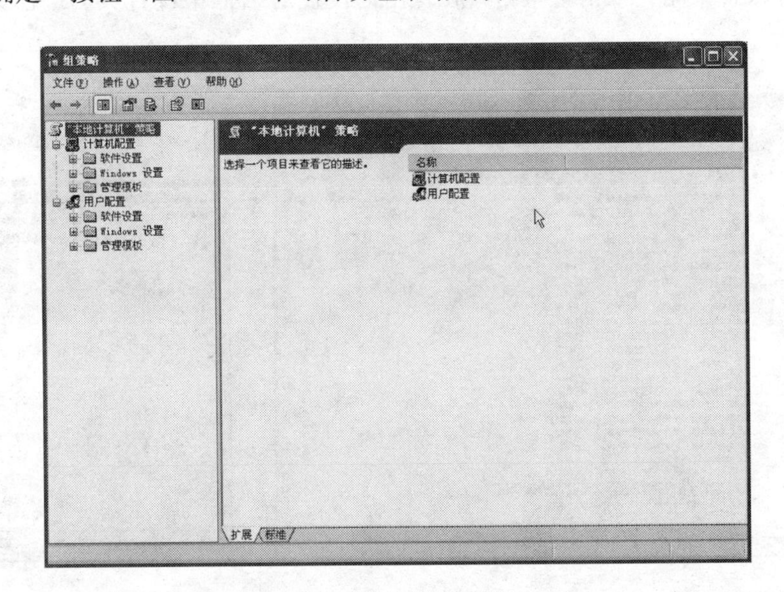

图 8-43

① 允许 Guest 用户从网络访问自己的计算机：

启动组策略编辑器后，选择“计算机配置”→“Windows 设置”→“安全设置”→“本地策略”→“用户权利指派”命令，双击“拒绝从网络访问这台计算机”策略，选择其中的 Guest，单击“删除”按钮删除里面的 Guest 账号（图 8-44）。

② 允许使用空白密码的本地账户从网络登录自己的计算机：

在组策略编辑器中选择“计算机配置”→“Windows 设置”→“安全设置”→“本地策略”→“安全选项”命令，选中“帐户：使用空白密码的本地账户只允许进

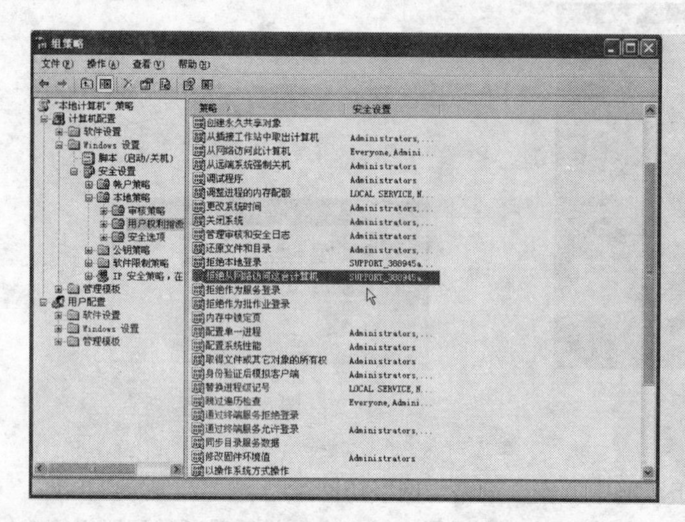

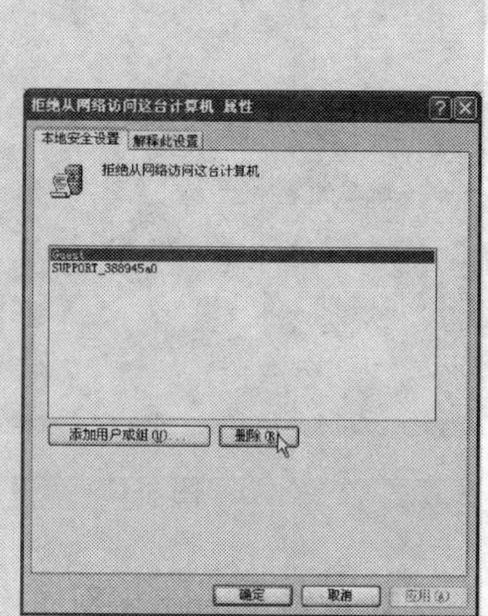

图 8-44

行控制台登录”策略。双击该策略，在弹出的设置对话框中设置其为“已禁用”（图8-45）。

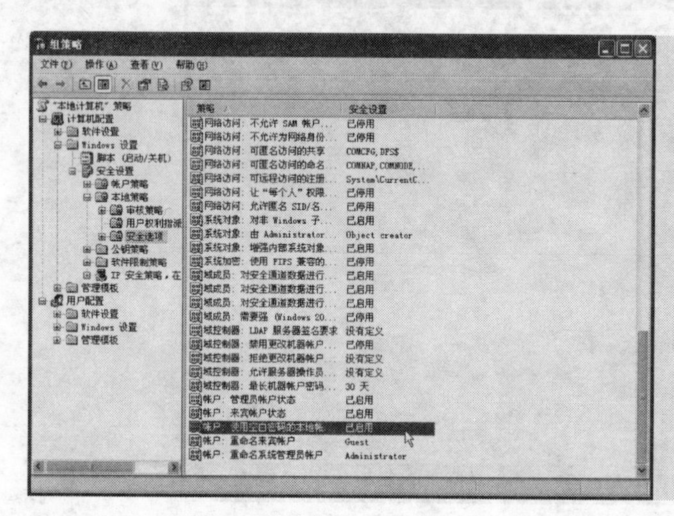

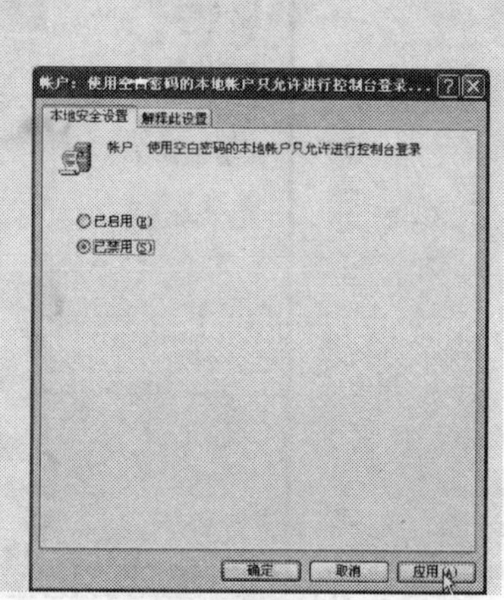

图 8-45

第二步：配置第 2 台计算机：

使用配置第 1 台计算机的步骤和方法配置第 2 台计算机，在配置过程中，

（1）将第 2 台计算机的计算机名改为 PC02；

（2）将第 2 台计算机的 IP 地址改为 192.168.1.2。

其他同第 1 台计算机。

第三步：分别打开 PC01 和 PC02 等 2 台计算机上的“网上邻居”（图 8-46），单击左侧任务项中的“查看工作组计算机”，窗口内容切换到 Workgroup 工作组的内容，如在其中看到代表 2 台计算机的图标 PC01 和 PC02，则表示配置成功，PC01 和 PC02 这两台计算机的匿名共享配置成功（图 8-47）。

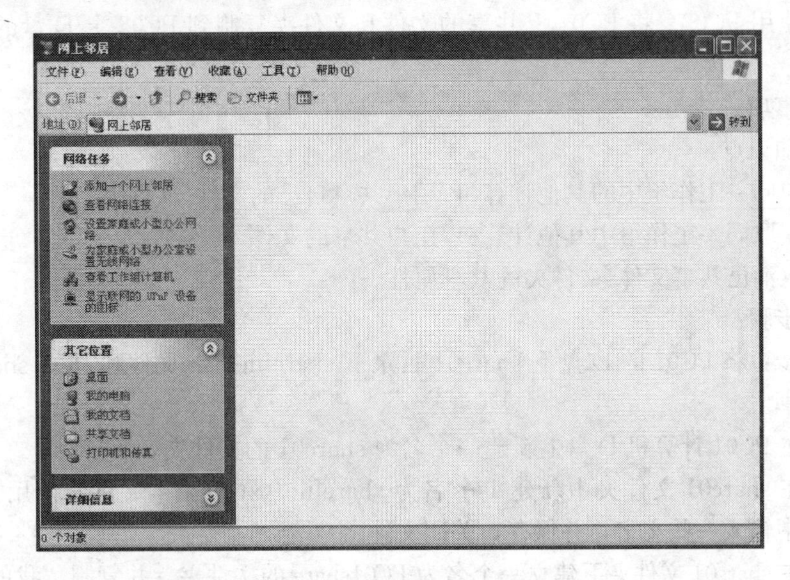

图 8-46

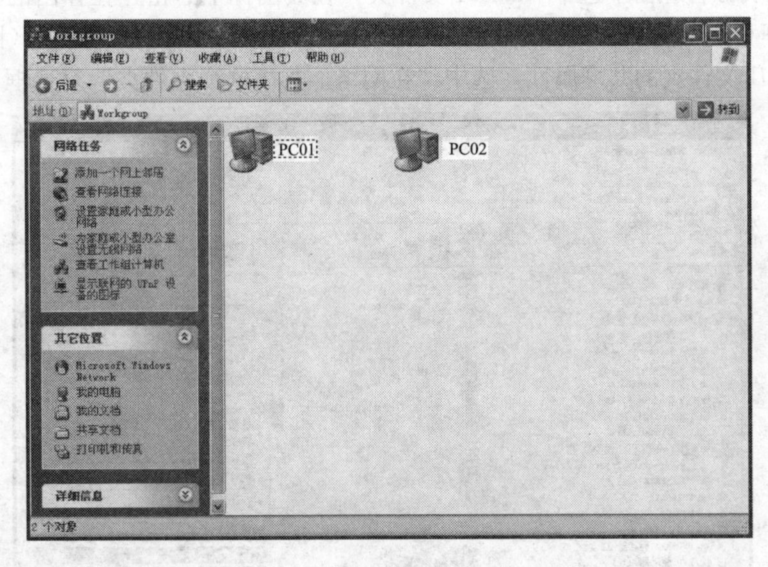

图 8-47

2. 通过匿名共享方式向他人共享自己的文件/文件夹

【实训 8-3-2】

(1) 在完成实训 8-3-1 的基础上，将 PC01 的 D 盘下 share01 目录下 sharefile. txt 文件和 PC01 share 文件夹设置为共享。

(2) 使用 PC02，将 PC01 上共享的文件和文件夹复制到 PC02 上 D 盘的 GetShare 目录中。

注意事项：

实训知识点：

(1) 向同一工作组中的其他计算机/用户共享自己的文件/文件夹。

(2) 获取同一工作组中其他计算机/用户共享的文件/文件夹。

(3) 取消已共享文件/文件夹的共享属性。

实训步骤：

第一步：将 PC01 的 D 盘下 share01 目录下 sharefile. txt 文件和 PC01share 文件夹设置为共享。

(1) 在 PC01 计算机 D 盘上新建一个名为 share01 的文件夹。

(2) 在 share01 文件夹中新建 1 个名为 sharefile. txt 的文本文件，使用“记事本”程序在其中输入一些文字，并保存，关闭文件。

(3) 在 share01 文件夹下建立一个名为 PC01share 的文件夹，并复制“我的文档”→“图片收藏”→“示例图片”中的 Blue hills、Sunset 等 2 个图片文件。

(4) 在资源管理器中选中 share01 文件夹，在其图标上右击，在弹出的快捷菜单中选择“共享和安全”命令（图 8-48），在弹出的“share01 属性”对话框（图 8-49）中配置 share01 文件夹的共享属性，选中“在网络上共享这个文件夹”复选框，单击“应

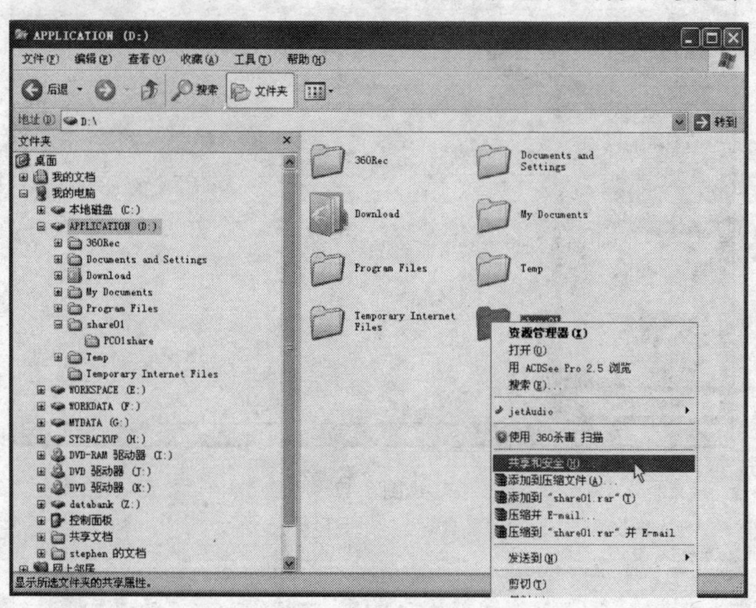

图 8-48

用”按钮完成设置 share01 文件夹的共享设置。此时，share01 文件夹图标改变为下方有一手图形的文件夹图标（图 8-50），表示该文件夹已经被共享。

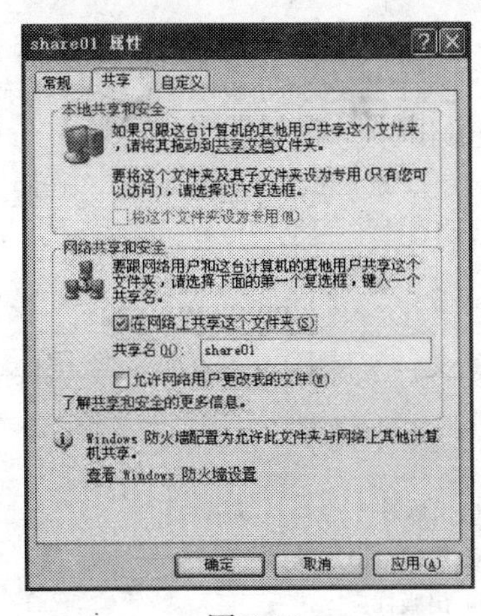

图 8-49

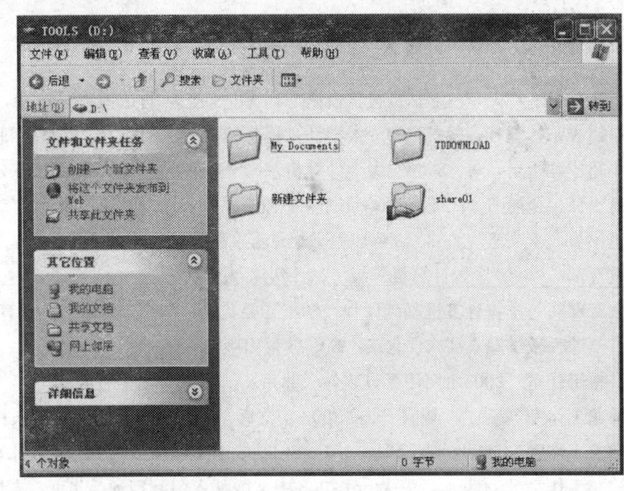

图 8-50

第二步：在 PC02 计算机上打开“网上邻居”窗口，单击“查看工作组计算机”，可看到工作组 WORKGROUP 中有 PC01 和 PC02 两台计算机，双击代表 PC01 计算机的图标，窗口中显示 PC01 所共享的文件/文件夹（图 8-51）。

在 PC02 的 D 盘根目录下新建一个名为 Getshare 的文件夹，进入该文件夹，并使用“复制”、“粘贴”等 Windows 的标准文件操作方法，将 share01 目录复制到 Getshare 文件夹中。操作结果如图 8-52 所示。

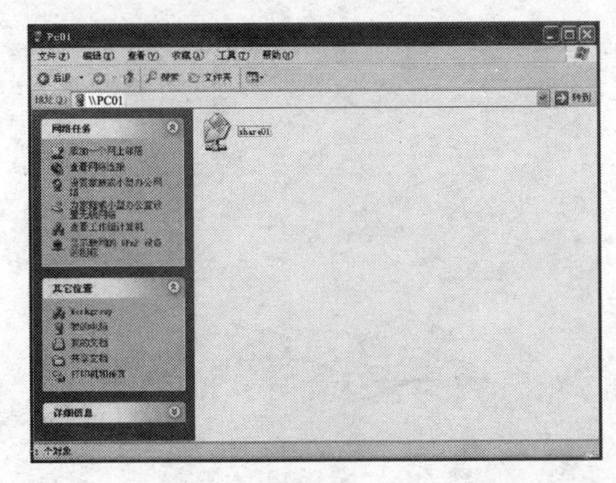

图 8-51

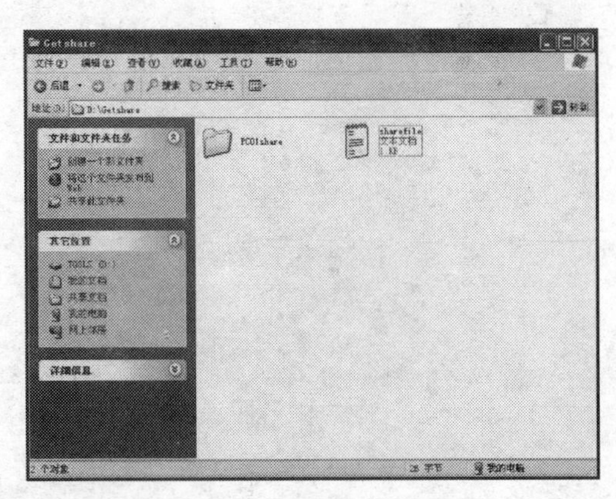

图 8-52

第三步：取消 share01 文件夹的共享。在 PC01 计算机上，使用资源管理器选中 share01 文件夹，右击打开 share01 文件夹的属性配置对话框，取消“在网络上共享这个文件夹”复选框的对勾，单击“应用”按钮，取消 share01 文件夹的共享。此时，在 PC02 计算机上再使用“网上邻居”→“查看工作组计算机”来查看 PC01 下的共享，就看不到代表 share01 文件夹的图标了。

参考文献

布鲁克希尔. 2009. 计算机科学概论. 10版. 刘艺，肖成海，马小会，译. 北京：人民邮电出版社

邓超成，林蓉华，等. 2009. 大学计算机基础上机实验指导. 北京：科学出版社

邓超成，赵勇，等. 2008. 大学计算机基础——Windows XP+Office 2003版. 北京：科学出版社

高军锋，苑丽芳. 2005. Photoshop CS轻松课堂实录. 北京：北京希望电子出版社

胡小盈，李文玉. 2008. 百炼成钢Excel函数高效技巧与黄金案例. 北京：电子工业出版社

教育部. 2008. 全国计算机等级考试一级考试大纲

教育部高等学校计算机基础课程教学指导委员会. 2009. 高等学校计算机基础教学发展战略研究报告暨计算机基础课程教学基本要求. 北京：高等教育出版社

科教工作室. 2008. 实用工具软件. 北京：清华大学出版社

神龙工作室. 2008a. 新编Excel 2003中文版从入门到精通. 北京：人民邮电出版社

神龙工作室. 2008b. 新编Power Point 2003中文版从入门到精通. 北京：人民邮电出版社

神龙工作室. 2008c. 新编Word 2003中文版从入门到精通. 北京：人民邮电出版社

涂芳. 2006. 边用边学Word 2003. 北京：科学出版社

王爱婷. 2006. 边用边学Excel 2003. 北京：科学出版社

赵卉亓. 2006. 边用边学PowerPoint 2003. 北京：科学出版社